筒井哲郎

# 原発
# フェイドアウト

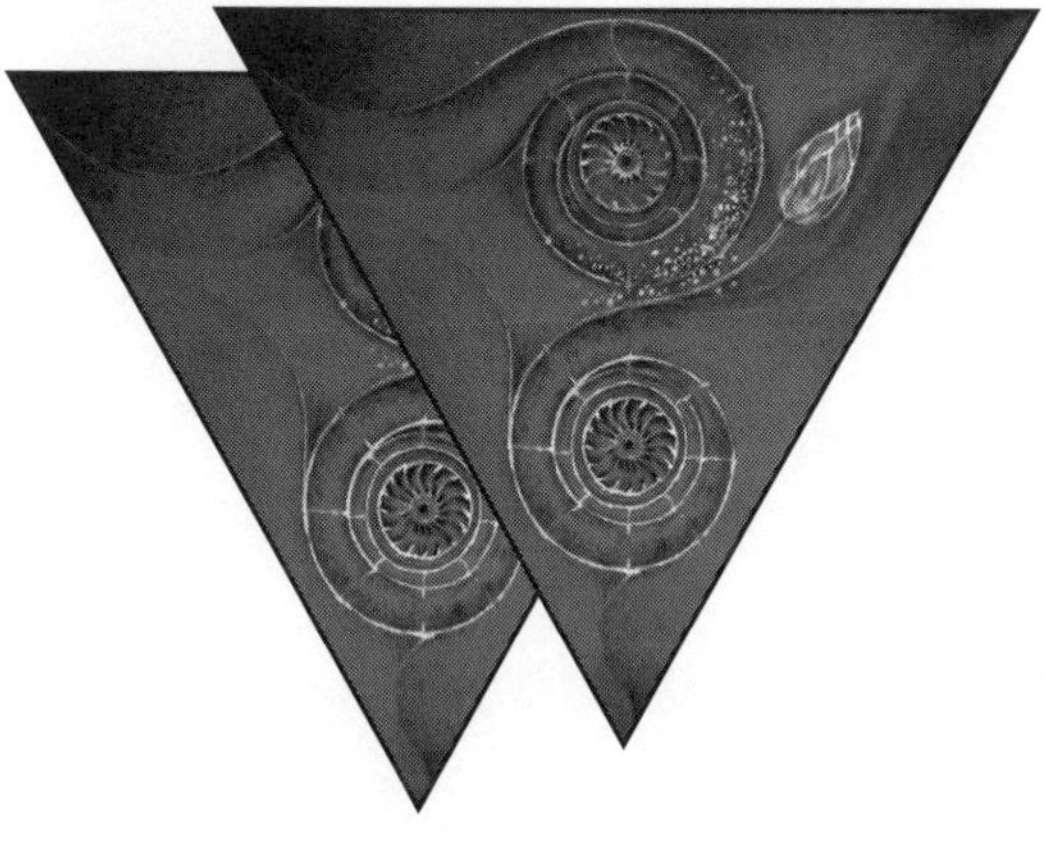

緑風出版

目次

# まえがき

三・一一原発事故から八年が過ぎた。

原発に対する人びとの見方は、着実に脱原発の方に向かっている。福島原発事故の被災者の困難は相変わらず続いており、政府がそれを無視すればするほど、原発の持つ根源的な社会的リスクの深刻さがあらわになってきている。

経済界は、原発輸出案件がいずれも頓挫したことによって、世界的に受容基盤のないことを認め、次のステップを踏み出しつつある。一方、政府と電力会社は停止中の原発の再稼働を促進しているが、それは手持ち資産をなるべく活用することと、直近の資産喪失は耐えがたいという軟着陸の方策に過ぎない。しかも、政府や原子力専門家の議論は妙に込み入ってあい変わらず分かりにくい。

二年前の拙著『原発は終わった』において、筆者は、「日本のサラリーマンのおよそ三分の一は製造業に勤めている。（中略）この本が、そういう一般常識人との間に認識を共有できるきっかけになればと願っている」と書いたが、その思いは今も変わらない。プラント技術者の視点で原発の本質を考え、市民の健全な常識が社会的意思決定に結びつくように願っている。

# 第一章　筋道の通らない政策の寄せ集め

## 第1節　あらわになった原発の衰勢

福島原発事故から八年の間に、じょじょに原発に関する客観的事実の認識が人々の間に共有されるようになってきた。喧伝されていた利点は誇大なものであり、事故発生の確率は想定をはるかに超え、もはや民生用の発電施設として市民社会の中に立地することは不可能であるという認識である。まずはその変化を見ておこう。

### 1　事故直後の風潮

福島原発事故の直後に、東京電力は当然の手順であるかのように「計画停電」を行った。消費者に対して「原発のありがたさが分かっただろう」「原発がなければあなた方はこんなに困るんだよ」とお説教しているかのような態度であった。そして、節電要請も堂々と行われた。

その年の六月に当時の菅首相が中部電力に対して浜岡原発の運転停止を要請したとき、経団連の米倉弘昌会長は、首相を軽蔑するような冷笑を浮かべて、「東海地震の確率論では分かりかねる。政治的パフォーマンスだ」と非難した。(注1)また、当時の新聞やテレビは、浜岡原発の地元の旅館やタクシー業界が経済的苦境に陥ると一斉に報じて、原発停止が社会的に受け入れ困難な重大事のように伝えていた。首相は判断の根拠として、「東海地震が三〇年以内に発生する確率は八七％」を挙げていたが、自民党やマスコミの非難は激しかった。

その年の九月二日に野田政権が発足して、経産相に鉢呂吉雄氏が就任したが、同氏が福島第一原発の地元の町を視察した翌日の記者会見で、その印象を「死のまち」と語ったことがメディアの非難を浴びて、同氏は就任後九日目に辞任を余儀なくされた。（注2）

## 2　原発推進側の攻勢

二〇一二年一二月の総選挙で民主党が敗れ、代わって自民党と公明党の連立による第二次安倍内閣が発足した。この内閣は、原発推進体制を維持し、国内では原発の再稼働を、海外へは原発の輸出をめざした。

民主党政権下では、二〇一一年一〇月に革新的エネルギー・環境戦略会議の設置が決められ、翌一二年九月に「二〇三〇年代に原発稼働ゼロをめざす」「四〇年経った原発は廃炉にする」「原子力規制委員会が安全と認めた原発は再稼働させる」という三原則が閣議決定された。（注3）けれども政権交代に

注1　二〇一一年五月九日「妄言？名言？米倉経団連会長のお言葉集」『alterna』http://www.alterna.co.jp/6146/2
注2　「鉢呂経産省が辞任　不適切発言などで引責」『朝日新聞ＤＩＧＩＴＡＬ』
注3　「革新的エネルギー・環境戦略」革新的エネルギー・環境戦略会議、二〇一二年九月一四日。https://www.env.go.jp/council/06earth/y060-111/mat01_1.pdf

よって、原発ゼロをめざすことと四〇年経った原発を廃炉にするという方針は廃棄された。
代わって打ち出されたのは二〇一四年にまとめられた「第四次エネルギー基本計画」で、二〇三〇年の電源に占める原発の比率を二〇～二二%にするとした。ただし、この比率の実現性については、決定時から根拠が明示されていなかった。現実には、二〇一三年九月から一四年九月まで原発ゼロの時期が続くという予想外の事態が発生した（図1-1）。しかも、二〇一四年の夏にはその状態で需要のピークを迎えたが、すでに節電が二〇一〇年比で一一～一四%実現しており、原発依存度が高い関西電力においてさえも電力供給に余裕があった。(注4)
しかし、それ以後も政府およびマスコミの原発推進の姿勢は強く、一方に原発再稼働を進めると同時に、原発がなければ電力供給が困難になる、石油火力発電のために燃料費がかさみ、国富が流出するといった宣伝も過剰に行われた。(注5)
他方、福島原発事故経過の解明が識者の間でたゆまず行われ、東電が隠し続けた事故時のテレビ会議の記録を公開するように朝日新聞社が二〇一二年からキャンペーンを行い、一三年九月に入手した範囲のテレビ会議記録を文書化して出版した。(注6)それに先立つ一二年六月の新聞紙上に、東電株主代表訴訟の原告団が「テレビ会議映像記録」に関心を寄せてそれを東京地裁に証拠として保全請求することが報じられた。そのことは世間の反響を呼び、公開を求める世論が高まった。また原告団は、政府事故調査・検証委員会の行った関係者のヒアリング記録の情報公開請求を行った。その結果、一四年末までに、内閣官房は七七一名分のヒアリング記録を公開した。(注7)これに先立って、『朝日新聞』五月二〇日に、事故対処がもっとも危機的状況にあった三月一五日の運転員たちの福島第二原発への避難

図1-1　日本国内の原発基数と3.11後の稼働状況

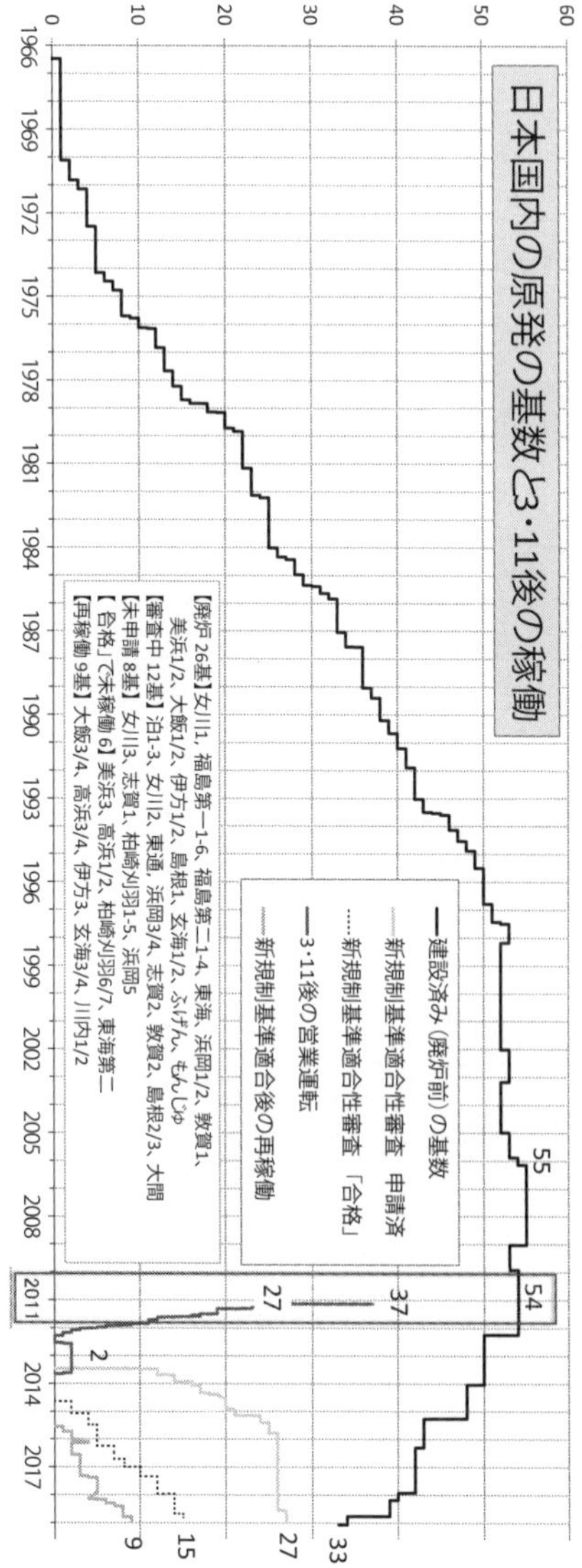


まとめ：原子力市民委員会事務局

注4　「定着した原発ゼロの電力需給」環境エネルギー政策研究所、二〇一五年六月一五日。https://www.isep.or.jp/archives/library/7712

注5　二〇一三年初めに一ドル八〇円であった通貨レートがその年末には一〇五円台になった。その分原油輸入の円表示価格が上がった分も含めて、化石燃料消費量増加のせいであると喧伝された。

注6　宮崎・木村『福島原発事故　東電テレビ会議四九時間の記録』岩波書店、二〇一三年。経緯は同書「あとがき」に詳しい。四〇七〜四〇九頁

注7　海渡・河合『朝日新聞「吉田調書報道」は誤報ではない』彩流社、二〇一五年、一〇頁

は吉田所長の命令に違反したものだ」という主旨の記事を掲載した。それに対して、その記事を「誤報である」「原発事故に必死に取り組む現場の人たちに冷たい記事だ」といった非難が政府および産経新聞などから強く出され、朝日新聞社は九月一一日に謝罪会見を行い、この記事を取り消した。(注8) そして木村伊量社長は辞任し、渡辺雅隆氏に交代した。その背景として新聞・テレビを運営するマスコミ業界の経営が広告収入に頼っており、中でも電力会社の割合が抜きんでており、新聞社が経営上強い態度に出られないという内情が注目を浴びた。(注9)

## 3　地元住民の疲弊と被害の矮小化

事故を起こした福島第一原発が立地する地元の人びとにとっては、短期間と思って着の身着のまま避難したのがなかなか帰れない、故郷の田畑にはフレコンバッグに詰められた除染土壌が何段にも積み重ねられている、除染と言ってもその範囲は宅地と農地の周辺だけで線量は一向に下がらない、土地面積の圧倒的な部分を占める森林は除染のしようがない、といった状態に疲労感がぬぐえない。

福島県立医大を中心に行った県民健康調査は不透明であって、原発事故との関連を否定し、検査結果に対する患者のフォローも不親切である。時間の経過とともに若年者を中心に甲状腺がん患者数が増えてきて、どこまで増えるのか不安を感じさせている。また、調査が患者たちのためというよりは、学者がデータを収集するために行っているように見え、さらに検査の頻度を減らそうという動きもあって、検査自体が「誰のため、何のためなのか」と当事者たちに不信を抱かせている。(注10)

大々的に作業員を動員して行っている除染工事は、その効果が限られているが、政府は事故前には一般公衆の放射線被ばく基準を一ミリシーベルト／年としていたものを非常事態を理由に二〇ミリシーベルト／年に引き上げて、避難住民の帰還を促し、二〇一七年三月には避難解除区域からの避難者たちへの家賃補償を打ち切ってしまった。しかし、双葉郡の地方自治体への実質帰還率は六〇歳代を中心に一〇％強にとどまっている。

政府は地元の復興を謳って、双葉郡を中心とする地域に福島イノベーションコースト構想などを推進して新たな住民を迎えようとしているが、それは従来の住民ではない新たな工業労働者が過半数を占めるような政策であり、地域における生活者たちのコミュニティーを「復興」するという理念からは大きくかけ離れている。

また、事故を起こした原発サイトの「後始末」工事も、未だ原子炉から流出したデブリのありかも定かに把握できず、格納容器内の放射能が予想以上に高い現実も判明してきて、当初の予定が少しずつ先延ばしされ、作業計画の見通しがさらに困難になりつつある。政府の「中長期ロードマップ」は三〇～四〇年で「後始末」を完了するとしていたが、その期間設定が非現実的であることは誰の目にも明らかである。しかし、整合性のある工程表は示されておらず、成り行き任せのまま、単年度ごと

注8　海渡・河合、前掲書、二七頁、五七頁
注9　本間龍『原発広告』亜紀書房、二〇一三年、本間龍『原発プロパガンダ』岩波新書、二〇一六年、ほか
注10　日野行介『福島原発事故　県民健康管理調査の闇』岩波新書、二〇一三年。同『福島原発事故　被災者支援政策の欺瞞』同、二〇一四年

にできることをやっているという印象をぬぐえない。

総じて、住環境においても、除染廃棄物の処理や事故炉の「後始末」においても、信頼性のある計画が示されないまま、目先の課題を追いかけているだけとしか思えない。けれども政府の公式見解は、事故処理作業量と周辺住民の被ばくリスクを過小評価して、あたかも正常化が進んでいるような前提に立脚しており、住民たちはそのギャップを押し付けられて、心身とも疲弊している。

## 4　原発の実態の認識

事故が起こったのちも、原発推進を目指す政府や産業界があれこれ楽観的なことを言ってきたけれども、事故から八年を経過した現在、あらゆる面で困難な実態が嫌でも目に入り、人々は事実に基づいて冷静に原発の実力と事故の影響の巨大なことを認識してきた。

原子力規制委員会は、二〇一三年七月に新規制基準を施行して、過酷事故シナリオを想定した対策を求めるようになり、福島原発事故以前と比べれば新規制基準適合性審査は格段に詳細なものになった。しかし、同委員会の最終目的は既設原発の安全レベルを一定水準に改めた上で再稼働を許すことにあり、既設原発の骨格部分は現状を維持し、外部に安全装置を付加するという範囲で改善させるという手法に頼っている。たとえば、通常のプラントや住宅の構造設計において、基準地震動が三倍になれば許容応力を超えてしまうので単純にその建築物は廃棄することになるが、様々な限界概念を駆使して、破局的崩壊に至らなければ許容するという論理で既設の構造維持を容認している。

火山に関する知見では最近になって破局的噴火が原発を襲う可能性が分かってきた。それへの対策は論理的に構築することができない。そのために、「一般公衆は火山噴火を心配せずに生活しているのが普通なので、火山対策を行わないことが〈社会通念〉である」という論理で、自然科学的な安全審査を放棄してしまった。

新規制基準は、過酷事故時の地元住民の避難計画を規定しておらず、原子力規制委員会は、避難計画策定の責任を地元自治体に負わせている。過酷事故時に地元住民の被ばくを避けるには、原発サイト内の運転者の行動とサイト外の避難計画が一連のものとして機能することが必要であり、アメリカのＮＲＣ（原子力規制委員会）ではそれらを一体として審査している。日本政府が避難計画の責任を負わないのは、実質的に有効な計画が作れないために責任逃れをしているとしか考えられない。

原発が究極の国産エネルギーになるという構想の下に、長年「核燃料リサイクル」計画の研究開発が続けられてきた。しかし、六ヶ所再処理工場はトラブル続きで稼働に入ることができない。また、核燃料再処理工場で得たプルトニウムを利用してウラン―プルトニウム混合燃料を作り、核燃料を無限に循環させる「高速増殖炉サイクル」については、その要をなす高速増殖炉の原型炉「もんじゅ」がトラブル続きで、二〇一六年に廃止が決定された。高速増殖炉サイクルの開発断念は六ヶ所再処理工場の存在意義を失わせる。従来は、各原発の使用済み核燃料は、核燃料リサイクル用原料として、各原発から六ヶ所村に搬出する予定であった。その構想の下に各電力会社は、「核燃料は各原発敷地に残すことはない。県外に搬出する」と地元の原発立地自治体に説明してきた。しかし、その約束が果たせなくなり、現状は原発敷地内にたまる一方で、保管施設が飽和に近づいている。政府は核燃料サイクルの研究開発を放棄したと言わずに、「もんじゅ」の前段に当たる高速実験炉「常陽」を再活用して研究開発を続けるとしている。また、核燃料サイクルが実現するという前提のもとに、各原発で発生する使用済み核燃料は有価の資産として計上されてきたが、再利用のめどがなければ、高額の費用をかけて処理すべき「放射性廃棄物」となる。現状では、そのような資産評価の変更を回避するために、政府は核燃料サイクル開発計画の廃止を決定していない。

六ヶ所再処理工場および東海再処理施設にはすでに高レベル放射性廃棄物のガラス固化体が保存されている。政府の方針は原子力発電環境整備機構（ＮＵＭＯ）という組織を作り、高レベル放射性廃棄物を地下三〇〇ｍ以上の深いところに「最終処分」するというものである。そのために、処分地に適しているとみられる候補地を二〇一七年七月に「科学的特性マップ」として発表し、処分地の応募を求めて、全国各地で「対話活動」を行っている。（注11）他方、「日本列島には一〇万年間安定した地層はどこにもない」という意見も有力であり、（注12）いずれの地域でも住民の納得を得ることは困難とみられる。

福島県内の除染廃棄物は最大二二〇〇万立方メートルと推定されている。それらを減容するために多額の費用を費やして「減容化施設」を建設し仮設焼却炉で処理しているが、「減容化」の効果は約二〇％程度と推定されている。その結果として、大量の汚染土壌を保管しなければならず、福島第一原発敷地に隣接する区域を地権者から借用して「中間貯蔵施設」を造成し、同県内の汚染土壌を集積しつつある。そして、保管期限を三〇年以内として、その後には汚染土壌を「県外」へ搬出して地権者に敷地を返還するとしている。しかし、そのような約束が守られるとは常識的には考えられない。県内ですら受け入れ先を確保するのに困難を極めているのに、他県の人びとがわざわざそのような廃棄物を受け入れるわけがない。政府は、別の「減容化」手段を打ち出した。八〇〇〇ベクレル／kg以下の汚染土壌を土木工事の資材として再利用するというのである。いったん生活圏から除去した汚染土壌を再度生活圏に戻すというのは納得しがたい論理である。

政府が政策を打ち出す時は、それぞれ整合性のあるストーリーに仕立てて説明するのだが、いずれも肝心なところで問題を先送りにしたり、規制基準を乗り越えたりしており、一般市民には納得がいかない。八年間至るところで無理な理屈を聞かされていることに徒労感を覚えている。

## 5　再生エネルギーの普及と原発立地地元住民

一般の人たちの間に、原発に代わって再生エネルギーがそれを補うであろうという見通しが認識されつつある。発受電電力量に占める再生エネルギーの割合は、二〇一一年度には二・六％であったが、一六年度には六・九％と急速に伸びた。しかしながら、現状では既存の電力会社は系統接続において、再生エネルギー供給者を冷遇しており、民主党政権時代にＦＩＴ（再生エネルギーの固定価格買い取り制度）制度を制定して新エネルギーの育成の意思決定をしたにもかかわらず、それに逆行しているのが現状である。それでも新エネルギーの伸びは時代の趨勢であることを示しており、日本は世界の潮流

注11　「対話活動計画を策定しました」原子力発電環境整備機構。https://www.numo.or.jp/about_numo/taiwaplan/
注12　土井克巳『日本列島では原発も「地層処分」も不可能という地質学的根拠』合同出版、二〇一四年
注13　拙著『原発は終わった』緑風出版、二〇一七年、二二頁

から遅れている。(注13)

原発廃止に向けては、「地元自治体が困るから」という論説がしばしば行われてきた。確かに地元の首長たちが経済振興のために原発再稼働を進めてほしいと主張する様子がしばしばテレビで放映されてきた。けれどもその意見は必ずしも地元住民の多数を代表しているとは思えない。たとえば、ドキュメンタリー映画『彼らの原発』を見ると、地元の人びとは原発の客観的な趨勢を冷静に観察していて、無理に原発にすがった町づくりを望んでいるわけではない。(注14)

## 6　経済界の実質判断

政府は、原発事故後も一貫して原発輸出を推進する姿勢を貫いてきた。しかし、もっとも積極的に動いた東芝がアメリカのプロジェクトで失敗して二〇一七年に原発事業から撤退した。日本の原発輸出を期待されていた、ベトナム、トルコなどのプロジェクトも中止された。唯一残ったイギリスのウィルヴァ原発は、日立製作所が、イギリス政府の出資、日本の国際投資銀行、国際協力銀行、日本貿易保険の参加を求めて、自社リスクを避ける仕組みを構築した上で推進しようとしてきた。(注15)この電力の販売価格はイギリス政府が差額決済契約制度（Contract for Difference, CfD）によって買い支えるという前提であった。しかし、このプロジェクトもイギリス国内の原発政策が不透明であり、日立製作所としても原発事業のリスクを避けるために、計画を中断することに決定した。(注16)この結果、日本の原発輸出計画はすべてなくなった。

二〇一八年に入ってから、経済界では原発と石炭火力発電に対する投資を控える動きが急速に進んできた。「ＥＳＧ投資」の原則に反するからというのである。Environment（環境）、Social（社会）、Governance（企業統治）に配慮しない会社は市場の支持を得られないという認識を金融機関や商社などが表明するようになった。(注17) 銀行経営者たちが原発に対して厳しい見方を表明するようになったことにより今後実質的な方針転換が重視すると考えられる。

過去半世紀にわたって、世界および日本で原発は「夢のエネルギー」「地球温暖化への切り札」といった幻想に支えられてきた。それは、推進者たちが過大に喧伝した結果でもあった。しかし、事故リスクの大きさはあまりに巨大であり、経済競争力も伴わないことが判明してきた。今後は、安全かつ経済的に、しかも作業従事者たちおよび周辺住民の被ばくが最小になるように、最大限の配慮をしながら、原発が穏やかに「安楽死」するように知恵を使わなければならない。

注14　川口勉監督『彼らの原発』二〇一八年。https://twitter.com/kare_gen
注15　「ＥＳＧ投資が企業価値上げる」『朝日新聞』二〇一八年一一月二八日
注16　拙著、前掲書、一八頁
注17　「日立、英原発事業を中断　二〇〇〇億円規模の損失計上へ」『日本経済新聞』二〇一九年一月一一日夕刊

## 第2節　虚構の上に立つ原発

原発はさまざまな虚構の言説に立脚して、その存在理由を主張している。それが単なる誤解に基づいたものなら罪はないが、当事者たちはすでに百も承知で、虚構の言説を言いつのっている。そのモラルハザードを停止させる動因は当事者たちの内部組織からは出てこない。市民たちが立ち上がって、その虚構を破却する以外に是正の道はない。以下に基本的な政策にかかわる論点について、その代表例を摘記する。

### 1　原発の位置づけ

エネルギー基本計画の中で、政府は依然として原発を「重要なベースロード電源」と位置づけ、二〇三〇年の原発比率を二〇～二二％としている。「ベースロード電源」という言葉は、季節、天候、昼夜を問わず、一定量の電力を安定的に供給できる電源を意味する。原発の発電コストが他の電力より安いと見なされていた時代には、その論理が通用していたが、原発の発電コストの実態が明らかにされて以降は、その論理は破綻してしまった。

今日、水力発電、火力発電および再生可能エネルギーのコスト競争力の差が縮まったので、ベースロード電源という概念そのものが不要になっている。政府が現実の急速な技術の進歩に逆らってまで既存システムを守ろうとして、公共政策の中にラッダイト的抵抗を持ち込んでいる実態は、ますますわが国の経済構造をゆがめていく。

## 2　福島原発事故の後始末

### (1)　事故処理期間を三〇〜四〇年と強弁すること

福島第一原発の事故現場では、通常の運転を停止した後に廃炉に至った原発に比べて、はるかに高い放射線が発生しており、人手による現場作業を妨げている。現状では原子炉建屋の中に入っての作業は、測定などのごく短時間のもの以外は不可能である。二〇一七年の放射線測定によれば、メルトダウンした原子炉の格納容器内の放射線は六〇〜八〇Sv／hといった強いレベルであり、人間は格納容器内にとうてい接近することはできない。

それに対して、政府の廃炉・汚染水対策関係閣僚会議が策定した「福島第一原子力発電所の廃止措置に向けた中長期ロードマップ」は、策定当初から三〇〜四〇年という工期を示していて、一ないし二年ごとに改訂されながら、全体の工期は変更されていない。

ただし、同ロードマップを示す工程表には「ＨＰ」という記号で示される「判断ポイント」が多数ちりばめられていて、その時期に開発がなされていなければ期限を延長するという伏線が準備されている。つまり、初めから実現性の薄い工程表を示しながら、大幅延長の抜け道が用意されている。そのように誤解を誘う表示をした理由は、まずは事故結果を小さく評価して見せようと意図したからではないか。しかし、そのことが周辺住民に過剰な期待を抱かせる結果となって、今は当事者が延期を言い出すと、それが合理的なものであっても、地元の首長たちから一斉非難を浴びるという硬直状態に陥っている。

### (2) 事故処理費用を八兆円とした根拠

どんな仕事であれ、その仕事の総額と期間と仕事の品質や安全などを明示した上で開始するのが規律を保つための原則である。福島第一原発事故の後始末の総費用見積は、未だ本格的に全工程を見通したものが示されていない。単純に、単年度の政府予算から所要額を原子力損害賠償・廃炉等支援機構を通じて支出しているだけで、総額は不透明である。

事故から六年後までに判明した費用の総額は二二兆円と発表されている。その内訳は、福島第一原発の後始末費用が八兆円、被災者に対する賠償費用が八兆円、除染費用が六兆円とされている。そのうち、原発事故後始末費用の八兆円という金額は、二〇一六年末に原子力損害賠償・廃炉等支援機構により、「有識者ヒアリング結果報告」として記載されたもので、「本資料において紹介している考え方及び定量情報については、機構の責任において評価したものではない点に留意されたい」という言い訳を付したものである。(注1)

それによれば、事故炉の後始末費用の総額は、スリーマイル島2号炉の事故処理費用を九・七三億ドルとし、一基当たりのデブリの量が最大二倍程度であること、炉の数が三基であること、作業条件が困難であることを考えると、費用は二五～三〇倍になるであろうとし、これに物価上昇率を二倍程度とみなし、約五〇～六〇倍程度になるであろうとしている。その結果、「九・七三億ドル×一〇〇円／ドル×約五〇～六〇倍＝最大約六兆円程度」というのがデブリ取出し費用の推定値であるという。それに、二兆円（すでに使った汚染水対策費用などという意味か？）を加えて、後始末費用の総額を八兆円と見なす、としている。つまり、まともに費用を積算していないのが現状である。筆者らは原子力市民委員会の特別レポート1『一〇〇年以上隔離保管後の「後始末」』と題して、その試算を発表した[注2]。この試算の前提は、デブリの冷却は現状の水冷から空冷に変更することと汚染水は大型タンクに一二三年以上保管するという条件を置いた。その条件の下で、費用を一七兆ないし三〇兆円と計算した。

日本経済研究センターは、二〇一七年と二〇一九年三月に試算を発表した。後者においては、今後も冷却を水冷とし、その結果汚染水の総量が二〇〇万トンに達すると仮定している。その上で汚染水を海洋放出しないものとして、トリチウム処理費を含んだ場合には、廃炉・汚染水処理費用の合計を

---

注1　「有識者ヒアリング結果報告」原子力損害賠償・廃炉等支援機構、二〇一六年一二月九日。http://www.meti.go.jp/committee/kenkyukai/energy_environment/touden_1f/pdf/006_02_00.pdf

注2　原子力市民委員会ではそれを試みている。筆者らが特別レポート1『一〇〇年以上隔離保管後の後始末』初版は二〇一五年、改訂版は二〇一七年。http://www.ccnejapan.com/?p=7900

注3　日本経済研究センター「事故処理費用、四〇年間に三五兆～八〇兆円に」二〇一九年三月七日。https://www.jcer.or.jp/policy-proposals/2019037.html

五一兆円と見積もっている。(注3)

試算にはまだまだ幅があるが、少なくとも八兆円の費用が今後見込まれるならば、東京電力としては決算書の中に将来費用（損金）としてその金額を計上しておかなければならない。しかし、現状はそれを計上していない。もし計上すれば多額の赤字決算になって、銀行借り入れなどができなくなるからであろう。

概算であれ、推算であれ、将来多額のマイナス費用が発生することが分かっているのは事実であるのに、それを決算書に記載しないでゼロであるかのように誤解を与える行為は、粉飾決算というほかはない。

### (3) 国が助成した費用を東電が返却するという建前

「東京電力改革・1F委員会　提言骨子案」には、「事故事業者は、非連続な経営改革を実行、責任を果たす」として、今後見込まれる二二兆円の費用のうち、一六兆円を東電が、四兆円を他の電力会社が、〇・二四兆円を新電力が、二兆円を国が負担するという提言が記載されている。(注4)東電が負担する金額一六兆円は当面国が貸与し、およそ三〇年で返還するとしているが、そのためには年間五〇〇〇億円強の利益を三〇年間にわたって継続的に稼ぎださなければならない。年間五〇〇〇億円を稼ぎ出す会社は、日本全体でも一〇社前後しかない。しかも、三〇年間そのようなトップクラスの利益を継続して出し続けている会社はほとんどない。電力市場が自由化される中で、東京電力だけが特別多額の利益を出し続けるのは常識的には不可能である。

ところが驚いたことに、東電の二〇一八年三月期の決算は、前年比一二％増しの増収増益で、二五四八億円の営業利益を得たという。その理由は、販売電力量が前年比で一・四％減ったものの、電力料金の単価を上げたことによるという。(注5)そのことは、やはり市場原理が妨げられていて、地域独占システムの機能が継続していることを意味する。その上、東電経営者は利益改善を求めて柏崎刈羽原発の再稼働をめざしているという。東電の破綻処理を避けて、事故当事者に責任を取らせるのだという見せかけを押し通しているために、本来の健全な市場競争促進と、危険かつ高価な原発電力の市場からの撤退を妨げるという逆モーションが働いている。

### (4)　近寄れない現場とロボット開発

二〇一七年二月の2号機格納容器内作業用足場へのロボット挿入によって計測された放射線量は作業用レール上で最大八〇Sv／hと推定され、格納容器内への接近が予想以上に困難であることが改めて認識された。(注6)現在、東芝、日立、三菱重工がそれぞれに測定やデブリ取出しを意図したロボットの開発を行っているが、それらは作業可能な条件内で働くロボットにすぎず、現在の現場の無秩序でアクセス困難な問題を乗り越えるレベルには程遠い。前記(2)項で、一基あたりの金額規模でスリーマイ

注4　東京電力改革・1F問題委員会（第六回）―配布資料、資料1。http://www.meti.go.jp/committee/kenkyukai/energy_environment/touden_1f/pdf/006_01_00.pdf
注5　「東電　増収増益」『朝日新聞』二〇一八年四月二七日
注6　「2号機原子炉格納容器内部調査――線量率確認結果について」IRID・東京電力、二〇一七年七月二七日。http://irid.or.jp/wp-content/uploads/2017/07/20170728_2.pdf

ル島の事故処理費用の一〇倍程度と見積もっているが、原子炉が溶融破壊された条件によって、放射能減衰を待つための時間的条件も一〇倍以上は見込まなければならないか。

## (5) 作業員の無駄な消耗

筆者は二〇一五年一二月と二〇一七年一二月に、「原発ゼロの会」の国会議員団に随行して、福島第一原発内を見学した。東電の発表によれば、二〇一五年には毎日約七〇〇〇人、二〇一七年には約五〇〇〇人が入構している。しかし、現実に現場で見かけた作業中の人員は総計でわずか二〇〜三〇人くらいであった。被ばく環境での現場作業に従事している人は、一日の労働時間は約二時間であるという情報もあり、三カ月程度で年間管理被ばく量に達して退域を余儀なくされる作業者が多数いることも報じられている。そして何よりも、事故以前から現場に精通していた熟練労働者が、すでに被ばく限界を超えて、現在はほとんど非熟練労働者が、主として除染のような単純作業に従事しているというのが、筆者の観察結果である。

これは無駄なことである。現在は、そっとしておいて、一〇〇年以上経って放射線量が減衰した後に、納得のいく仕事をするのが良いと筆者らは考えている。(注7)

## (6) 放射能飛散隠し

二〇一三年八月一九日に、3号機の原子炉建屋天井から最上階床に落ちた天井走行クレーンのガイドレールの撤去作業中、ガレキを持ち上げた拍子に粉塵が飛び、それがサイト外へ飛び、風下にあたった南相馬市で収穫されたコメに付着して、基準値一〇〇Bq／kg以上の汚染の原因となった。福島第一原発から二〇km以上離れた一四カ所を含む計一九カ所で基準値以上の汚染が次々に見つかった。地元は大騒ぎになった。東電は四時間のガレキ撤去作業で放射性セシウムが最大四兆Bq飛散し、南相馬市役所に最大で一〇〇Bq／㎡沈着したと農水省に伝えた。

しかし、政府は翌年からコメの作付解禁を既定方針としていたためにこの情報を発表せず、原子力規制委員会の更田委員は、サイト内のガレキ撤去を優先する意図で、「福島第一原発が起因とは考えにくい」といって片付けた。都合の悪いことは隠されて、正常化バイアスがかけられている。（注8）

## 3　核燃料サイクルと高レベル廃棄物の地層処分

### (1)　六ヶ所再処理工場

原発から発生する使用済み核燃料の中には、さまざまな核分裂後の生成物が混在している。核分裂は一種の確率現象であって、分裂後の元素の分布は幅広いものになる。そのうち、再利用できる部分は高速増殖炉原料またはMOX燃料に再加工し、再利用できない部分は廃棄処分を行う。使用済み核燃料の分離は発電所が行うのではなくて、六ヶ所再処理工場が引き取り、六ヶ所再処理工場がプルト

---

注7　前掲『二〇〇年以上隔離管理後の後始末』
注8　青木美希『地図から消される街』講談社現代新書、一四八頁

ニウムなどの再利用可能（と考えられている）成分を分離して、使用不可能な高レベル廃棄物と低レベル廃棄物は廃棄処分を行うという筋書きになっている。

六ヶ所再処理工場は、使用済み核燃料からプルトニウムを取り出して、高速増殖炉の燃料とし、原子炉燃料を増産し、将来はウランを輸入しなくても国内で原子炉燃料がまかなえるという、夢のような「核燃料サイクル」の最初の工程を行う工場である。

この工場があるために、各原発から出る使用済み核燃料は廃棄物ではなくて、有用な資産として帳簿上は価値ある財産に評価され、かつ、六ヶ所再処理工場は全国の原発からの使用済み核燃料の名目上の受け皿としての役目を託されてきた。しかし、現実はホット試験（実液試運転）の際に、高レベル廃棄物のガラス固化設備が閉塞し、それを直すために近づくことすらできないまま、工場は未完成のまま完工時期の延期を重ねている。

また、現在の工場が完成しても、日本全国の原発に保管されているすべての使用済み核燃料を処理する容量はない。

核燃料サイクルの後段を受け持つ高速増殖炉の実証炉もんじゅの廃炉が二〇一六年に決定されて、もはや六ヶ所再処理工場の存在意義もなくなったと考えるほかはない。

## (2) 高速増殖炉開発

高速増殖炉〈もんじゅ〉が稼働した期間は、一九九四年の初臨界から二〇一六年までの二二年間のうち、わずかに一年一〇カ月に過ぎない。開発装置でありながら設備が故障しても直しに行けないと

いう矛盾を抱えていることが、本質的困難の原因である。[注9]
さらに、燃料増殖というサイクルは、産業としてのフィージビリティがすでにないことを明らかにしており、開発事業を継続することの意味はない。

### (3) 高レベル廃棄物の地層処分

六ヶ所再処理工場から発生する高レベル放射性廃棄物・ガラス固化体および低レベル放射性廃棄物、TRU（トランスウラニウム）廃棄物は、原子力発電環境整備機構（NUMO）という公共事業体が一手に引き受けて処分することになっている。
NUMOは、高レベル放射性廃棄物を地下三〇〇m以上の深い安定した地層（岩盤）へ埋設する〈地層処分〉を行う方針である。[注10]
しかし日本列島には、一〇万年という長期間にわたって、安定した環境を保証する地層はない。[注11] NUMOは現在、「科学的特性マップに関する対話型全国説明会」を各地で開いて、受け入れ自治体を求めているが、NUMOの安全認識と、市民や地質学者たちの安全認識が基本的に異なっているために、合意形成がなされる基盤があるとは思えない。

注9　拙著、前掲書、四六頁
注10　「放射性廃棄物の地層処分」NUMOホームページ。https://www.numo.or.jp/chisoushobun/about.html
注11　土井和巳『日本列島では原発も「地層処分」も不可能という地質学的根拠』合同出版、二〇一四年

## 4　原発が生んだ総売上額と事故処理費用

二〇一七年九月一二日に、日本学術会議の原子力利用の将来像についての検討委員会・原子力発電の将来検討分科会は注目すべき提言を発表した（注12）。

その第四章に原子力発電が生み出した電力料金総額と事故処理費用の比較を述べている。事故処理費用は二一・五兆円（上記第2節(3)項に述べた二二兆円に相当。ただし、この金額の何倍も要するであろうことは既述の通り）とし、一方福島第一原子力発電所が一九七一年から二〇一一年まで生み出した累積発電量が九三三九億kWhであることから、単位発電量当たりの事故処理費用は二三・〇円／kWhとなる。東京電力の電力料金の平均は、一九七〇年代から事故時にかけて、一二円／kWhから二五円／kWhに推移してきた（単純平均すると一八・五円／kWh。これに上記累積発電量を掛けると累積売上総額は約一七・三兆円になる）。したがって、事故処理費用は同発電所の売上総額を上回る規模になっている。

このような単純計算からも、大規模なリスクを孕んだ原発は存在根拠を持たないというべきである。

しかし、政策決定当事者たちは、原発廃止に方向転換することを拒んでいる。それは、政官財学報といった既存の業界に形成されている利権構造内の関係者たちが、それを手放さないからである。その利権がそれほどの利益を生んでいること自体が病弊の深さを物語っている。それに加えて、日本の職場の終身雇用・年功序列という慣行がその惰性をさらに強化している。それぞれの個人の現役職業寿命は四〇年程度であり、幹部職員に上り詰めた役職者にとっては残りの年限が一〇年程度である。その間現状維持を図って従来通りの利益構造が維持できれば、一身の利益を最大に確保できることになる。現在の原発延長政策は、既存利権団体及び個人の食い逃げ志向によって維持されているといえよう。

注12　「我が国の原子力発電のあり方について—東京電力福島第一原子力発電所事故から何をくみ取るか」
http://www.scj.go.jp/ja/info/kohyo/pdf/kohyo-23-t250-3.pdf

## 第3節　太陽光発電が原発を圧倒

### 1　太陽光発電の抑制

九州電力は、二〇一八年一〇月一三日（土）および一四日（日）に、電力の供給量が需要量を大幅に上回ったという理由で、太陽光発電の接続を切り離して、供給量を抑制した。一三日昼過ぎにおける供給量と需要量のバランスは表1‐1の通りである。全供給量一二九三万kWのうち、太陽光が供給量の四五・九％（五九三万kW）、原子力が三二・〇％（四一四万kW）で、すでに太陽光の供給力が四基の原発の供給能力の一・五倍に達していたことを強く印象付けられた。[注1]

ちなみに、九州電力管内の原発の供給量は、川内1・2号機（八九万kW×二基）、玄海3・4号機（一一八万kW×二基）である。

ほかの電力会社管内での太陽光発電接続量と再稼働した原発の発電能力を表1‐2に示す。[注2]

現在は、接続の可否を各電力会社が決めているので再生エネルギー事業者は供給を抑制されている。民主党政権時代のFITを導入した再生エネルギー育成政策や、本年政府が改訂した第五次エネルギー基本計画の「再生エネルギーの主力電源化」の方針に忠実ならば、太陽光を含めた再生エネルギーの普及はさらに進んでいたはずである。

**表 1-1　2018 年 10 月 13 日昼過ぎにおける九州電力の供給量と需要量の見込み**

| 供給量内訳 | | |
|---|---|---|
| 電源 | 供給量（万kW） | 割合（%） |
| 太陽光 | 593 | 45.9 |
| 火力など | 206 | 15.9 |
| 原子力 | 414 | 32 |
| 風力・水力・地熱 | 79 | 6 |
| 合計 | 1292 | 100 |

| 需要量の見込み | | |
|---|---|---|
| 需要項目 | 需要量（万kW） | 割合（%） |
| 需要量 | 828 | 64 |
| 揚水式・蓄電池で消費 | 226 | 17 |
| 域外へ送電 | 196 | 15 |
| 出力制御 | 43 | 3 |
| 合計 | 1293 | 100 |

注：四捨五入のために合計数値が一致しない。
出典）『日本経済新聞』2018 年 10 月 13 日

**表 1-2　太陽光発電の接続量と再稼働した原発の発電能力**
「太陽光発電の接続量」は、中部は 2017 年度末時点、それ以外は 2018 年 8 月末時点。　（単位：万kW）

| 電力会社 | 電力需要量（2017 年度のピーク） | 太陽光発電の接続量 | | 再稼働した原発の発電能力 | |
|---|---|---|---|---|---|
| | | （万kW） | （%） | （万kW） | （%） |
| 北海道 | 525 | 139 | 26 | — | |
| 東北 | 1461 | 440 | 30 | — | |
| 東京 | 5383 | 1200 | 22 | — | |
| 中部 | 2473 | 686 | 28 | — | |
| 北陸 | 541 | 82 | 15 | — | |
| 関西 | 2637 | 507 | 19 | 410 | 16 |
| 中国 | 1096 | 394 | 36 | — | |
| 四国 | 519 | 236 | 45 | 89 | 17 |
| 九州 | 1585 | 807 | 51 | 414 | 26 |
| 合計 | 16220 | 4491 | 28 | 913 | 6 |

出典）「余る電力再生エネ岐路」『朝日新聞』2018 年 10 月 14 日

表 1-3　苫東厚真火力発電所の現状

| No | 運転開始 | 定格出力 | 現状 | 燃料 |
|---|---|---|---|---|
| 1 号機 | 1880 年 5 月 | 35 万kW | 地震の影響でボイラーが損傷、停止中 | 石炭 |
| 2 号機 | 1880 年 10 月 | 60 万kW | 地震の影響でボイラーが損傷、停止中 | 石炭 |
| 4 号機 | 2002 年 6 月 | 70 万kW | 地震の影響でタービン火災、停止中 | 石炭 |
| 容量合計 | | 165 万kW | | |

注：3 号機は 2005 年に廃止された。

表 1-4　泊原子力発電所の現状

| No | 運転開始 | 定格出力 | 現状 | 原子炉形式 |
|---|---|---|---|---|
| 1 号機 | 1989 年 5 月 | 57.9 万kW | 定期検査中 | PWR |
| 2 号機 | 1991 年 4 月 | 57.9 万kW | 定期検査中 | PWR |
| 4 号機 | 2009 年 6 月 | 91.2 万kW | 定期検査中 | PWR |
| 容量合計 | | 207 万kW | | |

出典）「火力発電所一覧」北海道電力
https://www.hepco.co.jp/energy/fire_power/fire_ps_list.html

そして、再生エネルギーを優先するためには、原発一基を止めるべきである。(注3)

## 2　系統の安定性

同年九月六日未明に起きた地震による北海道全域のブラックアウトの際、苫東厚真《とまとうあつま》火力発電所が夜間電力需要量約三一〇万kWの半ば以上を供給していた。(注4)その発電所を地震が直撃し、三基の火力発電設備が、それぞれボイラーやタービンに故障を起こして突然停止したために、その都度の代替発電対策が追い付かず、結局ブラックアウトに陥った。

苫東厚真火力発電所の稼働中の三基の定格出力合計は一六五万kWである（表1-3）。もし、泊原発が動いていたら、その集中供給源は泊原発が担っていたであろう。同原発の容量合計は二〇七万kWでさらに大きい。

この地震の際に判明したことは、集中電力は不安定だということである。再生エネルギーのような分散型エネルギーが安定であることは言を俟たない。以下、報道に基づいて経過をたどっておこう。

### (1)　供給源の集中とブラックアウト

テレビ報道によると、北海道の現在の昼間の最大需要量は二九五万kWだという。通常深夜の需要量は大幅に減少するから、苫東厚真発電所一カ所で大部分を供給していたと考えられる。システムの効率に目を奪われて、分散型の供給源や予備供給ネットワークのないインフラ・システムに依存したことの弱点が如実に現れた。

このことは泊原発が三基とも稼働したら、もっと集中度合いが大きくなることを想起させる。しかも火力発電所は部分負荷運転が可能であるが、原発は常に定格運転をして、負荷変動に追随できない。北海道全体の最大需要量三一〇万kWに対して、泊原発はその三分の二をまかなう容量がある。そのことは今回の苫東厚真火力発電所の集中度合いよりも、さらに危険である。

今回の事故をきっかけに北海道のブラックアウト対策として、政府は北海道と本州を結ぶ送電網の連系線を六〇万kWから九〇万kWに増やして、二〇一九年三月二八日から運用を始めた。(注5)さらにこれを

注1　「九電きょう太陽光制御　需給バランスを調整」『日本経済新聞』二〇一八年一〇月一三日による。
注2　「余る電力再生エネ岐路」『朝日新聞』二〇一八年一〇月一四日
注3　「原発優先のルールに問題」『東京新聞』二〇一八年一〇月一六日
注4　「強制停電三回目不十分　北電　直後にブラックアウト」『朝日新聞』二〇一八年九月二〇日

三〇万kW上乗せする計画も検討されているという。(注6) しかし、ひとつの発電所の容量が一六五万kWとか二〇七万kWであり、それらを優先して運転するという方針であっては、その増強は焼け石に水である。この事情は北海道電力に限らない。四国電力でも原発の供給割合が大きく、南海トラフ大地震に襲われたら四国全域のブラックアウトが発生することが指摘されている。(注7)

## (2) 予想されなかった震源

震度七の大地震に襲われたのだから、当然この発電所の近傍に断層があることが予想されていたのであろうと考えた。そのような目で新聞を見てみると、どうやらそうではないらしい。この度の震源は厚真町の発電所の近くにあったが、その西側に石狩低地東縁断層帯という長さ一〇〇kmを超える長大な断層帯があることが知られていた。しかし、この断層帯との関連は不明だという。(注8) 日本の地震の半ばは未知の断層に起因している。したがって、原発の設計基準では、震源の有無が分からなくても、一七〇〇ガルを想定することが推奨されている。この原則は、大規模火力発電所においても適用が必要であることを示したと言える。泊原発は現在六二〇ガルで申請中であるが、見直しが必要ではないだろうか。(注9)

現状は既存業界の利害によって公正さが阻害されているが、リスクにおいても、システム安定性においても原発が劣ることはもはや明らかである。

注5　「本州―北海道　電力融通を強化　『新北本連系線』運用を開始」『朝日新聞』二〇一九年三月二九日
注6　「北海道―本州間送電容量増強へ　政府、六月に具体案」『朝日新聞』二〇一九年三月二八日
注7　松野元「南海トラフ地震と原子力防災」ＢｅｅＭｅｄｉａ二〇一九年四月二日。https://bee-media.co.jp/archives/2853
注8　「東西に圧縮する力　震源の西側に活断層　気象庁『関連不明』」『赤旗』二〇一八年九月一〇日
「震源近くに活断層　警戒」『朝日新聞』二〇一八年九月七日
注9　『原子力市民年鑑２０１６・１７』原子力資料情報室、三〇三頁

# 第4節　もんじゅ廃止とおねだり経済

## 1　「もんじゅ」の廃止と福井県の要請書

高速増殖原型炉「もんじゅ」は、たびたびのトラブルで停止を繰り返し、この先も順調に稼働することが見込めず、核燃料サイクルの正当性に対する疑問が高まった。その結果、政府は二〇一六年一二月二一日の第六回原子力関係閣僚会議において「『もんじゅ』の取り扱いに関する政府方針」を決定し、「もんじゅ」を運転再開せず、今後廃止措置に移行することを決定した。(注1)

それを受けて、二〇一七年八月九日付で、福井県は「『もんじゅ』の廃止措置に関する要請書」を政府に提出した。(注2)発信人には、福井県知事、県議会議長、県電源立地議員協議会会長、敦賀市長、市議会議長、美浜町長、町議会議長が名を連ねている。

要請内容は、次の三項目からなっている。

1　「もんじゅ」の安全・着実な廃止措置の推進

2　エネルギー研究開発拠点化計画に関する施策の推進

(1)　原子力研究・人材育成拠点の整備

(2) エネルギー多元化への対応
(3) 理化学研究所との連携強化

3　地域振興策の充実

(1) 地域の経済対策の実施
(2) 電源三法交付金の拡充
(3) 嶺南地域の発展を支える重要プロジェクトの推進

この項目を見ただけでも驚くが、最後の「嶺南地域の発展を支える重要プロジェクトの推進」の内容を見るとさらに驚く。項目の見出しだけを引用すると、

・北陸新幹線の敦賀・大阪間の早期整備
・舞鶴若狭自動車道の四車線化
・JR小浜線の高速化・安全対策の強化
・県境部バイパス道路等の整備　＜ハーモニアスポリス構想関連等＞

注1　「『もんじゅ』の廃止措置に関する基本方針について」「もんじゅ」廃止措置推進チーム決定、二〇一七年六月一三日。https://www.cas.go.jp/jp/seisaku/monju/pdf/h290613_kihonhousin.pdf
注2　「『もんじゅ』の廃止措置に関する要請書」福井県、二〇一七年八月九日。http://www.pref.fukui.lg.jp/doc/dengen/monjuhaishi_d/fil/monjuhaishiyousei.pdf

・嶺南地域への自衛隊の配備

また、第2項に列挙してある項目は、この地域が原発を多く抱えていることを背景として、新たな原発関連の施策を求めるものであるが、原発産業が退潮にあるときに、それに関連する振興策に注力するというのは、わざわざ隘路を行くような企てではないだろうか。かつて、石炭産業が石油産業にとって代わられるエネルギー大転換の時代に、産炭地の振興策が種々実行されて多額の資金が注入されたが、企てられた新規事業はほとんど実を結ばなかった。旧来の路線に依存するよりは、抜本的に違う分野に大きく視野を広げた展開を求める方が、まだしも見通しが明るいのではないだろうか。

## 2 「もんじゅ関連協議会」

この要請書に対応する「もんじゅ関連協議会」が、二〇一七年一一月二二日に文部科学省で、関係閣僚と西川福井県知事、渕上敦賀市長の間で行われた。出席閣僚は林文部科学大臣、世耕経済産業大臣、野上内閣官房副長官である。(注3) その議事内容が、福井県の電源地域振興課原子力安全対策課から「お知らせ」として公表されている。(注4) そして、改めて西川知事が「要請書」の内容を強く要請し、大臣たちが「地域振興策について、今後、しっかり検討していく」と答えている。

このやり取りや、ここまでの関係が政府と地方自治体の間で出来上がって来た過程を想像すると、原子力施設の立地は異常なリスクを孕んだ迷惑施設を受け入れるという、きわめて限界的な受忍行為であることが両者間に合意されていたと考えなければならない。そして、政府の側には、経済的対価を支払えば、非人道的押し付けがまかり通るという権力的行為が合理化されていたのであろう。

地元自治体は、不健全な受苦の除去を住民の幸せととらえて、過去にこだわらない新しい道を選択するという方向にいかないものだろうか。

注3　「『もんじゅ』関連協議会開催」文部科学書、二〇一七年一一月二二日。http://www.mext.go.jp/b_menu/activity/detail/2017/20171122.htm

注4　「おしらせ」福井県電源地域振興課原子力安全対策課、二〇一七年一一月二二日。http://www.atom.pref.fukui.jp/press/h29/1122monju.pdf

# 第二章　原発再稼働計画の論理破綻

## 第1節　火山リスクの予測と「社会通念」

### 1　広島高裁判決

二〇一八年九月二五日広島高裁は、四国電力伊方原発3号機の運転差し止めを命じた二〇一七年一二月の仮処分決定を取り消し、再稼働を認めた。

争点は火山リスクの評価だった。この日の異議審決定は、要約すると、「大規模な破局的噴火が起きる可能性が根拠をもって示されておらず、原発に火砕流が到達する可能性は十分に小さい」と判定し、「(大規模噴火は)原発の安全確保のうえで自然災害として想定しなくてもよいとするのが現時点の社会通念だ」と結論付けるものだった。

原発のリスク対策は、既設の設備については一万年に一度、新設設備の場合は一〇万年に一度のリスクに備えるというのが世界共通のＩＡＥＡ基準である。日本では七三〇〇年前の鬼界カルデラの大噴火で、九州全域が降灰に覆われて、その時代の縄文人が全滅したと言われている。近い将来一万年に一度の災害に遭遇する可能性は、確率上小さいかもしれない。当然発生間隔の大きいリスクは、日常感覚では捉えにくい。だが、その捉えにくさを根拠とする「社会通念」を持ち出すことは、判断基準として不適切である。

## 2　火山リスクの判断基準

原子力規制委員会は、新規制基準策定と相前後して、三〇ページにわたる「原子力発電所の火山影響評価ガイド」（二〇一三年六月）を定めており、「火山評価の基準フロー」も添付して詳細な調査やモニタリング、確認事項を決めている。また、その評価ガイドを制定する過程では、火山予知連絡会の藤井敏嗣会長（当時）をはじめとする火山学者たちと予知の可能性について厳しい議論を重ねた経緯がある。

その後、原子力規制委員会が二〇一八年三月七日に開催した第六九回会議において、原子力規制庁から、「原子力発電所の火山影響評価ガイドにおける『設計対応不可能な火山事象を伴う火山活動の評価』に関する基本的な考え方について」という文書が示された。これは、更田豊志原子力規制委員会委員長の指示によって作成された原子力規制庁名義の文書であり、「原子力発電所の火山影響評価ガイド」そのものを改正するものではない、と断りながら、その内容は、火山ガイドの立地評価の規定を事実上「死文化」させるものであった。

単純に言えば、「巨大噴火によるリスクは、社会通念上容認される水準であると判断できる」として、事実上審査放棄を決定したものである。これに対して、日本弁護士連合会は意見書を、また原子力市民委員会は声明を出した。（注1）筆者も原子力市民委員会の規制部会長として声明の起草に携った。

要約すると、原子力規制委員会は、「社会通念」を持ち出して、火山リスクの心配はしないでよいと通知したのである。「科学的・技術的専門性に基づいてリスクを定量評価しながら規制を行うことを国民から負託された組織が、その責任を放棄して、『社会通念』という責任主体のありかも判断基準も不明な恣意的概念に逃避していることを指弾し、『基本的考え方』という文書を破棄して、火山噴火対策を規制基準の中に正統に書き加えることを求める」とわれわれは声明の結論に述べた。

しかし、「社会通念」という言葉は「みんながそう言っている」として、判定の責任を負うべき当事者が責任を漠然とした他者に転嫁する都合のよい言葉であり、早速広島高裁に使われてしまった。ただ、「社会通念」のような無根拠に近い言い訳を多用することが度重なるにつれて、もはや自然災害によるリスク評価について合理的な手段を見いだせないという手詰まりの実態が白日の下にさらされるようになったということもできる。

## 3　安全目標に対する違反

原子力規制員会が打ち出し、その後各地の裁判所が依拠するこの考え方は、二つの点で問題がある。まず、これまでの凡例で裁判所が採用してきた論理である「事故発生確率が非常に低くなるような〈安全目標〉に基づいて設計建設しているのだから、原発の危険性を懸念して運転を差し止める必要はない」ということに矛盾していることである。

二〇一五年四月二二日、鹿児島地方裁判所は、川内原発1・2号機について再稼働の差止を求める仮処分申し立てを却下した。その決定文には次の記述がある（八四頁）。

原子力規制委員会は、平成二五年四月、原子力施設の規制を進めていく上で達成を目指す目標である「安全目標」を定めており、その具体的内容は、平成一八年までに原子力安全委員会原子力安全目標専門部会で検討された安全目標案（原子炉施設の性能目標について、炉心損傷頻度が一〇のマイナス四乗／年程度に、格納容器機能喪失頻度が一〇のマイナス五乗／年程度に抑制されるべきであるとするもの。）を基礎とし、（以下省略）。

火山の噴火頻度の認識が安全目標としていた確率を上回るようになったら、この目標を忘れてしまえと言っているのである。

## 4　他人の生命を賭けることの不義

では確率が低ければ、原発の稼働を許してよいのだろうか。否である。原発の被害は、広範囲に及び、設備の当事者ではない膨大な数の人びとに被害が及ぶ。ドイツの哲学者ローベルト・シュペーマ

---

注1　日本弁護士連合会意見書、二〇一八年七月一二日。https://www.nichibenren.or.jp/activity/document/opinion/year/2018/180712_3.html

原子力市民委員会声明、二〇一八年五月三一日。http://www.ccnejapan.com/?p=8880

注2　ローベルト・シュペーマン、山脇・辻訳『原子力時代の驕り』知泉書館、二〇一二年、三八頁

ンは、原子力利用の早い段階から確率論による評価を許容すべきでないと論じていた。(注2)

未解決の問題を見積もる際に、規模がある役割を果たすのに対し、将来起こりうる大災害の確率度は重要ではない。確率度とは、未来の出来事に対する主観的な評価である。ある出来事が起こるとき、起こる以前の時点において、その出来事がどれほど蓋然性があったかどうかは、どうでもよいことである。ある出来事を格付けすることは、固有のリスクを引き受けることの手引きとしてしか役に立たない。その際決定的なのは、利益と損失にかかわるものが同じだということである。(中略)よく知られた固定数の人々が、全く問題とされない他人のリスクを犠牲にして、利益を上げるようなことは、決して許容されてはならない。ここでの確率計算は場違いである。誰も、その賭けが好結果に終わる蓋然性がとても高いからという理由だけで、他人の生命を賭けてはならないのだ。

今日の福島の人びとの苦しみを目の当たりにしながら、今も確率が小さいからとか、人々が気にしない程度だからと言って、規制当局や裁判官たちが率先して市民の生命を賭けの対象に差し出していることは、およそ法治国家の公務員として許されないことである。

ちなみに、ドイツの脱原発方針を決定した倫理委員会は、このような倫理の視点で脱原発を決定したのであって、経済的利害を相対評価して方針を決定したのではない。そのことが日本の公共政策に係る人々になかなか理解されていないようである。

## 第2節　非常時における複雑な運転要求

福島原発事故時の対処が適切でなかったという批判が複数の専門家から出されている。分厚いマニュアルの内容を逐一論じることはここでは行わないが、たとえば、車の運転中に衝突の危険が発生すれば、後先を考えないで力いっぱいブレーキを踏みこむであろう。原発ではそのような単純な操作を許さないで、ブレーキの踏み込み具合に微妙な加減をしなければならないという類の説明がなされている。非常時には平常の運転時以上の複雑な運転操作を必要とするようなプラントは、通常の人間の手にゆだねることのできない危険なプラントであり、欠陥品である。そのことをもう一度振り返って確認しておきたい。

### 1　福島原発事故時のＩＣ停止

二〇一一年三月一一日の事故の際、１号機は一四時四六分に地震の揺れによってスクラムして運転を停止した。その後非常用復水器（ＩＣ：Isolation Condenser）が、一四時五二分に自動起動した。それを、「手順書に従い」一五時〇三分に手動停止したという説明がなされている。手動停止したのは、原子炉圧力容器を急激に冷却すると容器の胴板内部に熱応力が発生して形状の複雑な部分で強度不

図 2-1　火力発電と原子力発電の違い

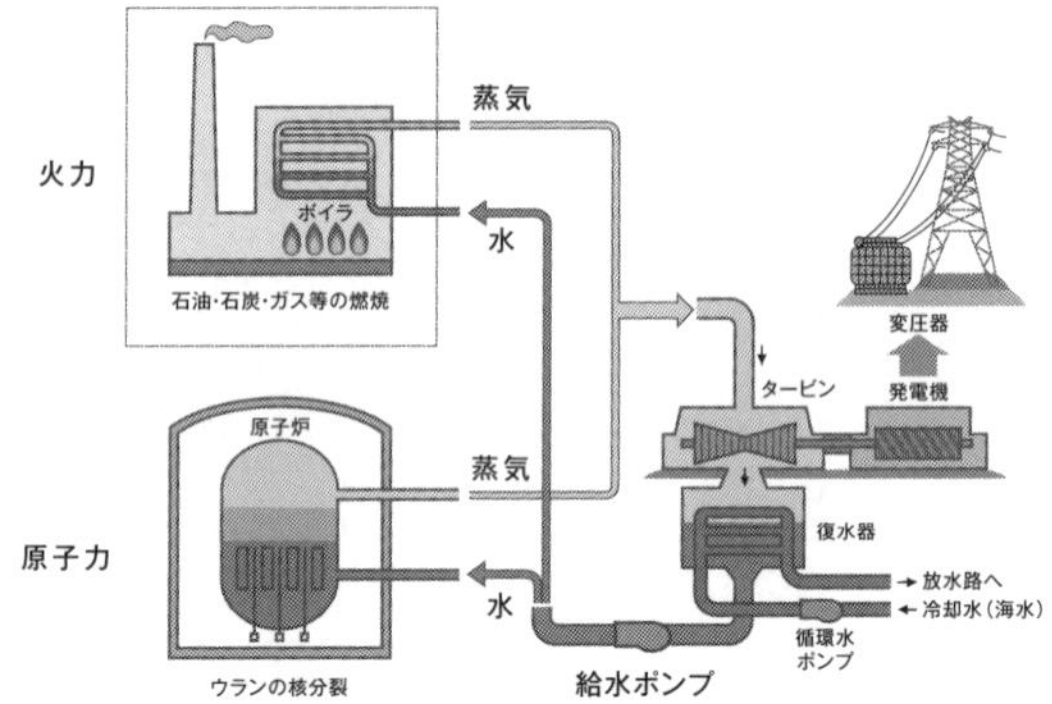


出典）資源エネルギー庁パンフレット

足になるから、温度変化を五五℃／h以下にするように、ゆっくりと冷やせというマニュアル（手順書）に従ったという訳である。

しかし、もしこの冷却が失敗したら過酷事故に発展するという非常時に、「ソロリソロリと冷やせ」というのは、非常用設備の運転マニュアルとしておかしい話である。言わば、急ブレーキをかけたら自動車そのものが壊れる恐れがあるから、ブレーキはゆっくり踏んで、ゆっくり止めろと言っているようなものである。場合によっては歩行者にぶつかって命を奪っても仕方がないといっているに等しい。

この説明が本当にそうかという批判や、全交流電源喪失が発生した際に適用するべき運転マニュアルが別にあったはずだ、といった批判もいくつか出されている(注1)。

原発は停止後も冷却を適切に行わなければならないという特異な危険性を本質的に抱えている。他のプラントでは非常時には設備の劣化を顧慮することなく、緊急停止ボタン一つで全体の発熱システムを単純に停止して最短で安全状態に移行するように設計されている。

非常の際に、最短時間で停止に必要な複雑な運転操作をすることは、地震による全交流電源喪失（SBO）が発生し、自らの身体を揺すられ、天井板の落下や停電に遭遇して判断力を奪われたりした運転員たちには、ほとんど不可能である。原子炉は急冷に耐えず、また急冷が繰り返されると材料劣化が生じるので、なるべく急冷を行わないようにするというのが従来の運転手法であった。原発プラントはそれだけ脆弱なプラントであるというべきだが、それをあたかも高級な技術システムであるかのように、まことしやかに説明されてきたのが従来の姿である。

## 2　原発と火力発電所の燃料保管システムの違い

火力発電システムは、石油・石炭・ガスなどの燃料をボイラの中で燃焼させて、高温・高圧の水蒸気を発生させ、それを蒸気タービンに供給して機械的回転エネルギーに変換して発電機を回して電力を生み出すものである（図2-1）。歴史的には、エジソンが一八八一年に直流送電の電灯用石炭火力発電所を完成しており、一八八六年にウェスチングハウスが交流送電に成功した。当然、第二次世界大戦終了時には十分に成熟した技術になっていた。なお、日本では一八八七年に日本橋茅場町に最初の火力発電所が設置された。

注1　たとえば、田辺文也「解題『吉田調書』第6回―ないがしろにされた手順書」以降の論考、『世界』二〇一五年一〇月、一二月、二〇一六年二月、三月

図 2-2　原子炉の断面図
原子炉の中には約２年分の核燃料が予め挿入されている

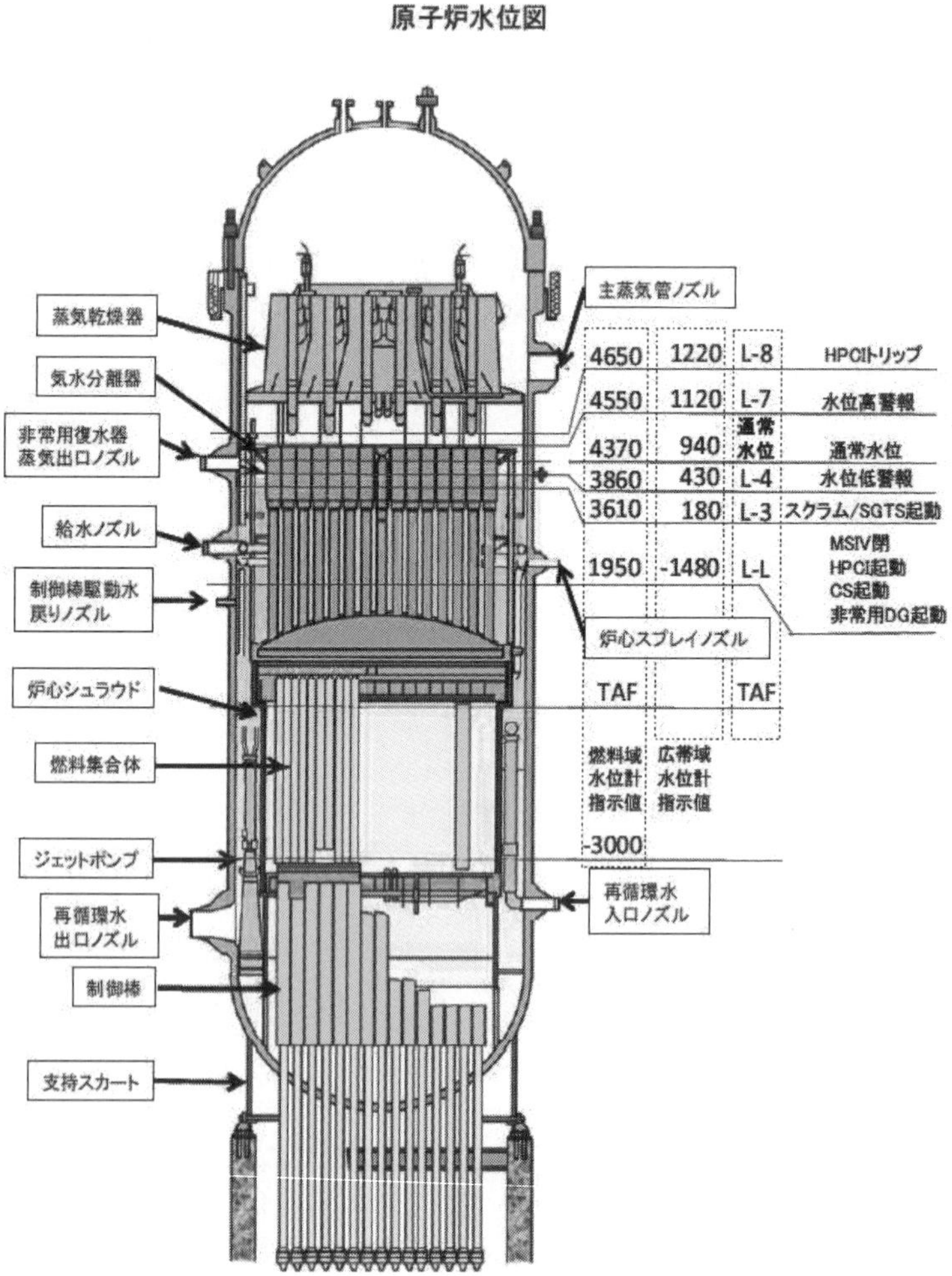


出典）政府事故調『中間報告書』資料Ⅳ－12「原子炉水位図」

**図2-3　東電の東扇島火力発電所全景**
燃料（LNG）は、ヤードのタンク内に貯蔵されており、その瞬間の燃焼分だけボイラ内に導入される。

出典）東京電力

　したがって、火力発電所のボイラを原子炉に置き換えるように設計すれば、原子力発電所を建設することは容易にできるわけである。そして、実際にマンハッタン計画による原子爆弾開発後、原子力技術の民生用設備への応用として原子力発電所の建設が始まった。

　ただし、原子炉内の燃料装荷は、平均二年分相当の燃料を原子炉圧力容器内に収納してしまう。もともと単位重量当たりのエネルギー密度は、核分裂反応と炭化水素の燃焼反応では一〇〇万対一の桁で違う上に、多量の核燃料を詰め込んでいる。しかも、緊急スクラムによって原子炉内の核分裂反応を停止したとしても、崩壊熱によって発熱が継続し、それの冷却を失敗すると核燃料のメルトダウンに至る。燃料が爆発して放射能が飛散するようなことがあれば、日本の国土の半分が放射能汚染を受ける規模になる。他方、火力発電所の燃焼の場合は、燃料は

表2-1　HPCI と RCIC の性能表

| | 2号機 | 3号機 |
|---|---|---|
| HPCI | | |
| 系統数（ポンプ数） | 1 | 1 |
| 流量（t/h） | 965 | 965 |
| RCIC（ポンプ） | | |
| 台数 | 1 | 1 |
| 流量（t/h） | 95 | 97 |
| 全揚程（m） | 850 ～ 160 | 850 ～ 160 |
| 回転数（rpm） | 可変 | 可変 |

出典）淵上・笠原・畑村『福島原発で何が起こったか』日刊工業新聞社、2012年、184頁（一部表記を変更）

ヤードの貯蔵タンク内に保管されており、当面の燃料継続に必要な分だけがボイラのバーナーに供給される。したがって、ボイラのバーナーのバルブを閉止すれば、直ちに燃焼を停止することができる。たとえ燃料貯蔵タンクの破損によって燃料に火が燃え移っても、燃え尽きるのを待てばよく、火災は敷地内に収まって、延焼することはほとんどない。原子炉が燃料を内部に保持していることが、他のプラントの発熱システムとの本質的な違いである。

二〇一一年三月一一日の夜、東日本大震災の模様を伝えるテレビ画面で大きく映し出されたのは、京葉コンビナートの中のコスモ石油千葉製油所の球形タンク一七基が赤々と燃え上がる光景であった。この火災は一〇日間燃え続けたのちに自然鎮火したが、周辺への被害はほとんどなかった。

同様の相違は、福島第一原発の過酷事故と、同原発から北方二六kmの、東北電力原町火力発電所とを比較すれば、鮮明に理解できる。津波による破壊状況は、原町発電所の方が福島第一よりも激しかった。それでもサイト外への影響は軽微であり、震災から二年後には操業を再開している。原発の過酷事故は、東京電力のような世界最大級の電力会社をもってしても賄い切れない損失をもたらすものである。

## 3　高圧炉心注水システムの出し惜しみ

1号機には、非常用炉心冷却システム（ECCS：Emergency Core Cooling System）としては、上記のように非常用復水器（IC）と高圧注水系（HPCI：High Pressure Core Injection System）があったが、2号機以降には非常用炉心冷却装置（ECCS）として、原子炉隔離時炉心冷却系（RCIC：Reactor Core Isolation Cooling System）と高圧炉心注水系（HPCI）があった。福島第一の2号機・3号機では、両方とも注水ポンプの駆動は蒸気タービンによって行われ、その駆動蒸気は原子炉内で発生する水蒸気を利用するというシステムになっている。つまり、電源が失われた後でも注水ポンプの駆動ができるという非常時に適したシステムである。違いは、前者と後者のポンプの容量が約一〇倍の開きがあることである。つまり、HPCIは一挙に大量の冷水を投入して原子炉内を冷やし、かつ減圧もしてしまうというものである。RCICは、少量ずつ冷水を注入して、温度も圧力も少しずつ減らしていくというものである。HPCIは、完全に原子炉の運転を止めてしまうという割り切りをしたときに適したもっとも安全な方法であり、RCICは短時間に電源復旧が行われて、すぐに通常運転に復旧するための待機状態をしのぐために適している。両者のポンプ容量の比較は表2‐1による。(注2)

アメリカでは、一九七五年のブラウンズフェリー1号機の電線火災を経験してから、その後の全交流電源喪失事故の際にどうすべきかをオークリッジ国立研究所が検討して、ただちにHPCIを起動することがもっとも安全な方法であるとして推奨している。しかし、日本ではいったんSBOが発生しても、日本の電力システムの信頼性は高いから、三〇分以内に必ず電源は復旧するという〈信念〉があって、HPCI起動は最後の最後まで我慢して待つ、というのがスタンダードになっていた。たとえば、福島第一の3号機では、事故発生からほぼ一日が経過した三月一二日の一一時三六分にRCICの駆動蒸気の圧力が低くなって駆動タービンが十分に機能しなくなって停止するまでHPCIを起動しなかった。その後、一二時三五分に原子炉圧力容器内の水位が下がったことによるレベル計の信号によってHPCIが自動起動したが、駆動タービンの蒸気の圧力が不足していて、本来の高圧注水ができなくなっていた。

その後、有効に冷却水注入ができないまま、メルトダウンと水素爆発に至ったのであった。つまり、ブラウンズフェリーの教訓は、「出し惜しみしないで初めからHPCIで大規模に冷水注入せよ」であったが、日本ではその変更導入を拒否した結果が冷却機能を完全に使用しないままメルトダウンに至ったのであった。(注3)

## 4　安全率が大きい設計は危険か?

原子炉圧力容器やその周辺機器の設計基準として、一九六一年にASME SectionⅢが制定された時、化学プラントの圧力容器で採用されていた許容応力の安全係数4を、原子炉では3と設計することにした。それは、高温高圧の容器の胴板厚さが大きいと、内外の温度差に起因する熱応力が大きくなるので、出来るだけ薄く作るという必要があったからである。安全率を減らす代償として、「詳細応力解析」を行うことにした。（注4）

けれども、これは果たして安全性を増すことになったのだろうか。既存の材料に過酷な熱応力の負担を与えるために、余裕を減らした設計を採用せざるを得なかったということである。それを高級な設計という訳にはいかない。

小岩昌宏・井野博満『原発はどのように壊れるか』は、原発といえども経済性を重視せざるを得ず、一般プラントと同様の低合金鋼や炭素鋼が使用されていることを指摘しつつ、「技術は、コストと性能（安全性を含む）とのバランスで選択されるという一般原則が、原発でも貫徹されている一例である」と述べている。（注5）

以上、福島第一原発事故の経過を振り返ると、原発システムは狭い隘路を細心の注意を払いながら潜り抜けなければならず、一般プラントと比べても、設計上も運転上もきわめて制限条件の大きい危険なシステムであることを認識する必要がある。

注2　淵上・笠原・畑村『福島原発で何が起こったか』日刊工業新聞社、二〇一二年、一八四頁
注3　この項は、松野元『推論トリプルメルトダウン』創英社・三省堂書店、二〇一六年　による。
注4　田中三彦『原発はなぜ危険か』岩波新書、一九九〇年、六〇頁
注5　小岩昌宏・井野博満『原発はどのように壊れるか―金属の基本から考える―』原子力資料情報室、二〇一八年、九七頁

# 第3節　後付けのブローアウトパネル

## 1　ブローアウトパネルの目的

ブローアウトパネルというのは、ＢＷＲ型原発の原子炉建屋の上部の壁に、大きな可動式パネルを設置して、内部圧力が過大になった時に自動的に開放して、その圧力を瞬時に逃がす装置である。福島第一原発事故の際には、１・３・４号機の建屋上部が、内部にたまった水素ガスに着火、爆発したことによって大破した。一方、２号機の建屋内部へ水素が漏洩蓄積したことは、他の号機と同様と推測されるが、隣接する3号機の爆風を受けてブローアウトパネルが自動的に落下して、水素を外気へ自動放出した結果、同機は爆発を免れたと推測されている。

図２‐４に、２号機の開口部から、格納容器が破損した後に噴き出したスチームが大量に噴出しているところを示す。(注1) もともとブローアウトパネルを設置した目的は、格納容器から漏洩した水素を放出するためではなかった。たまたま水蒸気とともに水素を外気に逃がすことができたに過ぎない。

原子炉建屋設計の当初、主蒸気配管の破損に伴う水蒸気の大量放出（プラント側からいえば「大ＬＯＣＡ」）が設計条件に挙げられて問題になった。主蒸気が瞬時に大量に原子炉建屋内に放出される事

図2-4　2号機のブローアウトパネルから勢いよく噴き出すスチーム

態においては、建屋内の圧力上昇が想定以上に大きくなり、その圧力が格納容器に外圧として働いて、格納容器がひしゃげてしまう（座屈する）ことと、原子炉建屋が内圧によって破損することが懸念された。

格納容器は円筒面と球面を組み合わせた厚さ三五ミリ程度の鋼板製容器であり、内圧に対しては強いが（設計強度は約三～四気圧）、外圧による座屈強度はきわめて低い（座屈強度は約〇・一四気圧）[注2]。そのために、ブローアウトパネルの設置が決められ、建屋内の圧力が座屈強度の半分に相当する〇・〇七気圧に達したら、自動的にパネルが外れて大きな開口部を作って水蒸気の圧力を屋外へ逃がすという設計が行われた。

注1　川村慎一・大木俊・奈良林直「福島第一原子力発電所二号機の原子炉格納御容器漏えいを踏まえた格納容器の事故時耐性強化と格納容器ベントの運用について」『日本原子力学会和文論文誌』一五巻第二号、五三～六五頁（二〇一六）。https://www.jstage.jst.go.jp/article/taesj/15/2/15_J15.018/_pdf/-char/ja

図 2-5　東海第二原発のブローアウトパネル開口部閉止用スライドドアの試験装置

【扉開放状態】

【扉閉止状態】

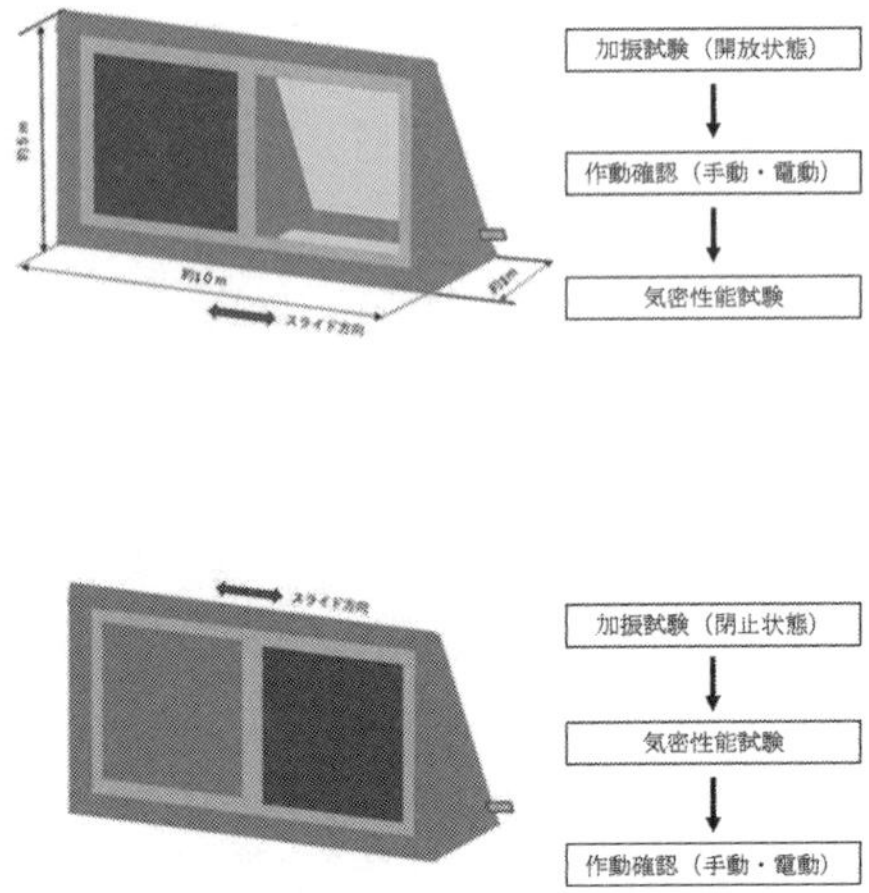


第１図　試験治具概念図

出典）日本原子力発電

## 2　要求される機能

福島第一原発事故で学んだことは、主蒸気配管漏えい以外にも、水素爆発などさまざまな建屋内圧力上昇要因があるということである。そこで、東海第二発電所（BWR、一一〇万kW、一九七八年運転開始）ではブローアウトパネルを増設して合計一二枚とした。一枚の大きさは約四・一m×三・七mであり、重さは約一〇・七トンもあり、これを一八個のクリップで止めている。上記の主蒸気配管漏えいによる圧力上昇から格納容器座屈を防止するには、このうち四枚が確実に開口して建屋内の圧力上昇を防止しなければならない。

しかしながら、原子炉建屋は、本来、

放射能を閉じ込めるための五重の壁の最後の砦をなすものと位置付けられている。主蒸気配管漏えいのみで、原子炉内の核燃料が損傷していないときには、水蒸気とともに放出される放射能は相対的に少ないが（それでも外気放出を良しとするのは当初の設計思想に反している）、福島第一原発事故のように核燃料がメルトダウンし、原子炉も格納容器も破損して、水蒸気や水素が漏出した場合には放射能が外気に直接放出されることになる。実際、福島事故の際には2号機の格納容器が破損し、ブローアウトパネルが落下した三月一五日の放射能放出量がもっとも多かったことからも、密閉の必要性は強い。

## 3　スライドドア機能の追加

そこで、東海第二原発では、ブローアウトパネルが開口を作ったのちにその穴をふさぐスライドドアを設けて、それを手動または電動で移動させて気密を保てるレベルまできちんと閉止する装置を開発することにした。その概念図は、図2‐5のように示されている。(注3)

原子力規制委員会による東海第二の新規制基準適合性審査は二〇一八年六月にひとまず終えてパブリック・コメントの募集手続きに入ったが、その規制審査期間中にスライドドアの開発試験が行われた。その試験に山中伸介委員が立ち会いに行ったが、駆動装置が故障してその日の試験は失敗に終わった、というニュースが報じられた。

注2　後藤政志「事故時に役に立たないブローアウトパネル」『原子力資料情報室通信』五三一号、二〇一八年九月一日

要するに後追いで、大掛かりな装置追加という困難な作業を行っているが、もし、建設当初からこういう対策が求められていたら、壁に穴をあけて開口したり、気密に閉止したりという装置を設けることはしなかったであろう。

しかも、開口と閉止という相反する要求を一つの装置で賄おうということ自体がアブハチ取らずの中途半端なものになっている。二つの要求を時間差で実施することで良しとしているが、それは放射能の環境放出を容認していることであるし、手動の閉止操作は放射能雰囲気の高い建屋内で作業員が高被ばくを余儀なくされることを前提としている。

既設原発に後追いで安全装置を取り付けることの付け焼刃的性格を示す典型例といわなければならない。

## 4　技術システムの本質的な限界

ブローアウトパネルを後追いで追加する作業というのは、格納容器にフィルタベントを追加する作業と似ている。建設当初の設計では、格納容器は放射性物質を閉じ込める安全装置であって、万一原子炉から放射能が漏れることがあっても、格納容器が完全なバリアの役目をして放射能の外部飛散を食い止める、と喧伝されていた。そのうちに、冷却不能やメルトダウンによって格納容器の内圧が設計条件を上回る事態が考慮されるようになり、ベント装置を追加することによって、内圧による格納容器の大破壊を回避するという対策が行われた。そして、福島事故以降（ヨーロッパではそれ以前）に、ベントラインにフィルタを設けて放射能を捕捉しなければならないという認識になった。

　同様に、主蒸気配管の破損という主蒸気配管漏えいを考えて、放射能の外気飛散を食い止める最後の壁であった原子炉建屋の壁に、ブローアウトパネルを設けることが後追いで決定され、さらに福島事故以降に、高濃度の放射能飛散を考慮すべきことを認識して、スライドドアを追加する作業を行っている。

　しかし、後付けの設備はすべての条件を満足させることができない。また、円滑に機能することも困難なものになる。さまざまな機械製品において、旧式のモデルに機能を追加していっても、新式のモデルに追い付かないのと同様の限界がある。四〇年を経過したプラントは廃止するという考え方は、今日の諸種のプラントの技術進歩を参照すれば、きわめて常識的な判断である。

注3　「東海第二発電所　ブローアウトパネル閉止装置　機能確認試験要領書」日本原子力発電、二〇一八年六月

# 第4節　福島事故の未解明問題

## 1　問題の所在

東京電力の柏崎刈羽原発6・7号機の新規制基準適合性審査書は、パブリックコメントを経て、二〇一七年一二月二七日の原子力規制委員会会合で合格と決定された。つまり、政府官庁としての原発再稼働の手続きの第一段階は終了した。

他方、新潟県技術委員会は、別途に東京電力と会合を持ち、技術上の安全性を検証して、設備や組織の改善が納得できるレベルに達していることを確認しなければ、再稼働の同意はしないとしている。その検証作業は、「福島事故を二度と繰り返さない」を合言葉に、まずは福島事故の原因究明を納得できるまで追求しようとするものである。具体的には、東京電力が「未解明問題」として挙げている五二項目の検証作業が解明されたら、再稼働に向けた次の議論に入ろうという手順を踏んでいる。

そこで筆者は、「未解明問題」がどの程度に解明されたのか、そのことが設備上や組織上の改善にどのように反映されたのであろうか、という観点から、東電の検証作業の進捗状況を確かめてみたいと思った。

そこでわかったことは、東京電力の「未解明問題に関する検討」が、再稼働に向けた実務に資する方向で行われていないということである。その実態をご報告して、組織管理の問題を検討し、新潟県技術委員会に対する参考意見を記しておきたい。

## 2　「未解明問題」の停滞

東京電力は、「福島第一原子力発電所1～3号機の炉心・格納容器の状態の推定と未解明問題に関する検討　第何回進捗報告」という報告書を、過去に五回発表している。[注1] それぞれの日付を記せば下記のようになる。

第一回：二〇一三年一二月一三日[注2]
第二回：二〇一四年八月六日
第三回：二〇一五年五月二〇日
第四回：二〇一五年一二月一七日
第五回：二〇一七年一二月二五日[注3]

---

注1　二〇一九年三月現在
注2　http://www.tepco.co.jp/cc/press/betu13_j/images/131213j0102.pdf
注3　http://www.tepco.co.jp/press/release/2017/1470526_8706.html

それぞれの回の「進捗報告」に、未解明問題のテーマを一ページに一件ずつ記した要約が「添付二」の中に記載されている。そして、「第一回進捗報告」から「第五回進捗報告」まで、「未解明問題」のテーマは何一つ変わっていない。テーマの数は五二件であることも変わっていないし、その題名も変わっていない。それぞれのテーマの内容も解決されないままで、「検討する」「確認する」といった作業目標を結論としているだけで、毎回ほとんど同じ言葉が繰り返し記載されている。

そこに記載されている内容は、事故時に記録されたデータをどう読み取ったら良いのか、という問題の追及だけを目的にして、未だに整合性のある解釈を得られていない、だから「未解明だ」といっているだけである。

## 3　期待との相違

筆者が「未解明問題」の「進捗報告」を読んだのも、個別の問題がどのように「解明」されて、それが「新規制基準適合性審査申請書」の内容に盛り込まれて、それを原子力規制委員会がどう判断して、二〇一七年一二月二七日の適合性審査合格につながったのか、その論理を跡付けたいと思ったからである。そしてそのことは「未解明問題」に取り組んでいる新潟県技術委員会も関心を共有していることと思う。

一例として、原子炉の水位計の問題を「進捗報告」がどう記載しているかを以下に見てみよう。現在の差圧式水位計は原理的に欠陥があるのだから、それを異なる原理の設備に変更しなければ、福島原発事故でなめた苦渋は解決しないわけである。

件名　水位計の基準面器配管の水の蒸発挙動について

1号機では、津波により全電源を喪失し、原子炉水位が一時的に計測できなくなった。三月一一日二一時一九分、仮設電源で原子炉水位計を復旧すると、原子炉に注水がなされていない状態にもかかわらず、水位計の指示値は上昇を示した。原子炉水位計の測定原理を考慮すると、この時の水位計指示値の上昇は、基準面器配管の水の蒸発による水位計の指示不良が原因であるものと考えられる。なお、2・3号機についても最終的には水位計が指示不良を起こしたものと考えられる。

水位計がいつ、どのような原因で指示不良を起こしたかについて検討することにより、当時の原子炉の状態に関して何らかの情報が得られる可能性があり、検討を実施する。

これが事故後五年半を経過して、事故当事者であり、かつ柏崎刈羽原発を再稼働させると言っている東電の姿勢であることに寒心を覚える。

二〇一七年一〇月五日から一一月三日までの三〇日間、柏崎刈羽原発6・7号機の新規制基準適合性審査書（案）に対するパブリックコメントの募集が行われた。もちろん、筆者を含む多くの人々がこの問題に対して意見を提出した。それに対する回答が、二〇一七年一二月二七日の原子力規制委員会審査会合で示された。（注4）四件の意見が引用され、次のような「考え方」が示されている。

・原子炉水位は、計器故障の疑いがある場合には多重性を有する重要計器の他チャンネルによる計測を確認し、さらに、代替手段として原子炉圧力容器への注水量（高圧炉心注水系統流量計等）から原子炉水位を推定する手段を整備することを確認しています。
・原子炉圧力容器への注水量（高圧炉心注水系系統流量等）は、計器故障の疑いがある場合には、代替手段として水源である復水貯蔵層水位（SA）の変化等から原子炉圧力容器への注水量を推定する手順を整備することを確認しています。なお、原子炉圧力容器への注水量は、基準面器ではなく、隔液ダイアフラムにかかる絞り機構前後の差圧を計測する差圧式流量検出器を用いていることを確認しています。

水位を直に読むことのできない「水位計」などは、「水位計」とは言わない。そして、流量を測定して、「今圧力容器内にいくらの水量があるはずだと推定するから、水位計が狂ってもかまわない」という説明は、苦し紛れの言い訳に過ぎない。流量汁の積算量から容器内の水量が推定できるといっているが、その推定が最終貯留量かどうかを確認するためにどんなプラントでも容器には水位計を設置している。水位計が原子炉安全の要であるにもかかわらず、それを不要とする倫理は成り立たない。

## 4　社内の専門組織と全体を管理する経営責任

「福島事故の未解明問題」に取り組んでいる東電社内の専門組織が発行している「進捗報告」が、

来るべき柏崎刈羽原発の再稼働のためにはどのような設備上、あるいは組織上の改善が必要かという問題意識とはまったく無関係に、現象の解釈にのみ専念した報告書を、過去五回にわたって公表している。そのことを当事者である東電はもとより、原子力規制委員会をはじめとする行政当局も問題にしていないことは、理解に苦しむ。新潟県の技術委員会も、東電の振出しから進まない「未解明問題」究明に付き合って、さしたる進展がないようである。

筆者が疑問に思うことは、東電の経営者や技術を管理する職責にある人たちが、こういう「進捗報告」を、過去五回も公表して恥ずかしくないのか、ということである。「未解明問題」に取り組む当事者たちは、仕事の目的を理解していないようであるし、管理責任者は、原因究明を再稼働に向けた次の「業務」の資料にするどころか、不具合をまったく改善することなく「再稼働」をめざしているように見える。

このような無責任な会社に、原発という危険な技術システムを運転する資格があるとは思えない。

---

注4　「申請者の原子炉設置者としての適格性についての確認結果（案）に対する御意見への考え方」（別紙一）、一〇〇頁

# 第三章　原発の正体

## 第1節 「核抑止力」という気味の悪い看板

### 1 原発維持の動機

日立製作所がイギリスのウィルヴァ原発計画を中断する方向であると発表したことを受け、新聞各紙は原発政策がどの局面においても行き詰まっていることを報じた。(注1) 具体的には、輸出、再稼働、核燃料サイクル、次世代原子炉開発、「核ゴミ」の最終処分場である。これらの成り行きは経済原則に基づいてそれぞれの事業主体が判断した結果である。原発は民生用のユーティリティ設備であるから、巨大なリスクを孕んだプラントを求める社会ではなくなったことが政策決定に反映されたといえよう（ただし、中国では継続中のプロジェクトがある）。

ところがもう一つ原発技術を維持しなければならないと主張する勢力がある。安全保障上、「核抑止力」が必要だというのである。

本当にそうだろうか。核兵器を作る技術を構築する道程の障害と、現代社会における核戦争の可能性を、手近な資料で検討してみたい。

## 2　核兵器の実験

「日本はすでに四七トンのプルトニウムがあるから、核兵器はその気になれば一年程度でつくることができる」ということがしばしば言われる。しかし、それは「燃料がある」と言っているだけで、爆弾としての完成品を作るには、一度は核爆発実験を行わなければならない。所定の核燃料全体が同時に核反応を起こすには、原発にはない精巧な起爆装置が必要である。爆弾は全核燃料が同時に核反応を起こさなければ機能しない。部分間で時間遅れがあると、最初に核反応を開始した数%が残りの核燃料を吹き飛ばしてしまい、予定された威力が出なくなる。長崎に投下されたプルトニウム爆弾〈ファット・マン〉は、ニュー・メキシコ州アラモゴールドで一九四五年七月一六日に〈トリニティ実験〉と名付けられた核実験によって確認された。(注2) とりわけプルトニウム爆弾は、実験を省いて実用化の確証を得ることはできない。「プルトニウムがあるから核兵器を作れる」というのは、あまりに気楽な言説であろう。

たとえ地下核爆発実験であれ、そのような軍事用の核爆発実験を行う場所が日本国内にあるだろうか。すでに核開発を行ったアメリカやソ連は、それぞれの国土と住民の深刻な放射能被害を抱え、そ

---

注1　「原発輸出政策総崩れ」「原発政策八方ふさがり」『朝日新聞』二〇一八年一二月一八日
「日本の原発袋小路に」『日本経済新聞』同右

注2　リチャード・ローズ、前掲書、三七三～四七九頁

の処理は今も終わっていない。さらに、アメリカ、イギリス、フランスは南太平洋の島々で核実験を行い、回復不能の放射能汚染と居住地破壊を行った。南太平洋の実験で第五福竜丸をはじめとする多数の日本漁船が被ばくした歴史は、世界史に刻まれた重い事実である。それらを帳消しにして核実験を行えば、戦後日本の平和国家という道徳的優位が、反動的に最下位に転落するであろう。

## 3　冷戦中の核兵器開発競争

第二次世界大戦終結後、東西両陣営はイデオロギーの大義を巡って、世界の領域拡大を競って冷戦を激化させた。西側陣営は個人の自由を最優先する教義を広げようとする。東側陣営はすべての人びとの平等を最優先する教義を追求した。ユヴァル・ノア・ハラリは、この二つのイデオロギー対立を分かりやすく解説している(注3)。

フランス革命以降徐々に、世界中の人々が平等と個人の自由の両方を根本的な価値と見なすようになった。だが、これら二つの価値は互いに矛盾する。平等は、暮らし向きの良い人々の自由を削減することでのみ確保される。あらゆる人に好きなように振舞う自由を保証したら、必然的に平等が成り立たなくなる。一七八九年以降の政治史はすべて、この矛盾を解消しようとする一連の試みだったと考えることができる。

それぞれの大義名分を掲げながら東西両陣営は合計八万発の核兵器を積み上げた。実用上の必要より、相手に負けるわけにいかないと意地を張り合うチキンレース、つまり〈瀬戸際外交〉の結果であった。しかし、一触触発の事態に立ち至った時に、現場の指揮官や最高権力者が選んだのは破局を避ける道であった。(注4)「あわや」という機会が何度かあったが、誰も核兵器のボタンを押さなかった。

その後、ソ連邦は軍事負担が経済を押しつぶして、一九八九年に解体してしまった。しかし、その解体過程では大規模な軍事衝突は起こらず、平和的に政権の解体が行われた。むしろ、ルーマニアやユーゴスラビアなどの周辺国で、共産主義体制解体に伴う暴力的衝突が見られたのみである。

## 4　国家主義的総力戦争の目的

国家が総力をあげて戦争を行うことは、第二次世界大戦まで連綿と続いてきた。その時まで人類の歴史は、帝国が手近な領土を獲得して拡大していく過程であったと言ってよい。第二次世界大戦までは強大な軍備を持つ先進国が植民地の領域獲得を競い合っていた。日本は、まず朝鮮半島を、次いで台湾を、そして満州(当時)、中国本土、南アジア諸国を植民地として獲得しようとした。それに成功すれば莫大な経済的利益を確保できるという目論見があった。たとえば、昭和のはじめには朝鮮総

注3　Y・N・ハラリ、柴田裕之訳『サピエンス全史』上、河出書房新社、二〇一六年、二〇四頁
注4　M・ドブズ、布施由紀子訳『核時計零時1分前――キューバ危機一三日間のカウントダウン』日本放送協会出版、二〇一〇年、五四四頁

督府が「朝鮮産米増殖計画」を推進した。同じころ台湾総督府は「台湾産米増殖計画」を推進した。日本国内の人口が当時(昭和元年)約六〇〇〇万人であったが、二〇年後には約八〇〇〇万人になると予想された。日本国内の産米上限は六〇〇〇万石と見込まれ、二〇〇〇万石不足するとの想定の下に、植民地から二〇〇〇万石を移入しなければならないという論理が立てられた。その時代は日本国内の農業就業人口が五〇%を超え、農産物を得るには土地と肉体労働者が必要であった。つまり、植民地を獲得し、その土地と農民を使用してプランテーションを経営し、その産物を国内に移入するという政策であった。もちろん、インドネシアの石油など、工業資源がある地域からは、天然資源を独占的に獲得するという目的があった。

日本は戦争に負けたが、その結果食糧不足になったかと言えば、過渡期を乗り切った後には過剰生産で減反するようになっている。それは農業が機械化し、化学肥料と農薬が急激に普及したことによる。人間の筋力に頼る農業が機械化されて、労働力が大幅に節減された(注5)。農薬と化学肥料がふんだんに使用されるようになって、反当たり収量がほぼ一・五倍になり、かつ天候不順や病害虫による不作が避けられるようになった。現在は専業農家の比率が二%程度である。元農民の多くは、都会の労働者になり、戦後高度経済成長に寄与し、工業製品輸出と引き換えに食糧輸入圧力を招き、ますます農業就労者を減少させる結果になった(注6)。

この事情は世界の工業諸国に共通であり、アメリカでも二%の農民が生産する農産物を世界中に売り込むことに過剰な外交圧力を駆使している。

第二次世界大戦までのイギリス、フランスなどは世界中に植民地を持ち、プランテーションを経営してその土地および住民を搾取してきた。しかし大戦後、民族自決に基づく国民国家に道を譲って、それぞれの植民地独立を認めた。イギリスは元の島国に戻り、フランスはヴェトナム戦争やアルジェリア戦争を戦って旧帝国の維持を図ったが果たせなかった。その経済的背景を考えれば、住民をプランテーションに縛り付けておくよりは、経済主体として自立を促して、工業製品の購買者になってもらった方が、自国の工業に基づく経済成長によりよく貢献するという産業構造の変化があったからだといえる。

そのような経緯を考えれば、植民地帝国維持のための戦力保持という目的が、第二次世界大戦後はなくなったのである。そして、冷戦もなくなった結果、イデオロギー対立のために総力戦を戦うという大規模な軍事力の必要は消滅してしまった。

## 5　冷戦以後の戦争目的

一九八九年のソ連崩壊に伴う冷戦終結後にも、依然として世界のどこかで戦争を継続しているのはアメリカである。アメリカが行っている軍事介入のもっとも抑圧的なものは中南米諸国の軍事政権を支援してアメリカ資本のプランテーションを維持しようとしたり、(注7)石油資本の利権を維持しようとし

---

注5　Y・N・ハラリ、前掲書、下、一七二頁

注6　日本の就業比率の推移については、たとえば、海渡・筒井『沿線住民は眠れない』緑風出版、二〇一八年、三九頁

ている事例である。ベネズエラ国営石油会社を経済制裁し、(注8)チリの国有資産をアメリカ資本が私有化するために軍事政権を支援するといった活動である。

現在もっとも目立つ活動は中東に対する軍事介入である。アフガニスタンやイラクへの軍事介入と支配、シリアへの爆撃など。「テロとの戦い」などという卑小な理由を付け、大国が大量の爆撃を行ってその社会を根こそぎ破壊するもので、その行為をとうてい正当化できない。現在EU諸国へ難民が押し寄せて、EU諸国に閉鎖的な政治勢力が伸長しつつあるのはアメリカの不当な軍事行動による。

アメリカの軍事攻撃がもたらしたものは、イラクの石油資源をアメリカの石油資本が所有するという結果である。しかし、それだけの理由のために、大量の爆撃を行い、地元の社会を破壊する大規模干渉を本当に目指していたのだろうか。社会を破壊された地域の若者がアメリカの貿易センタービルを攻撃したからと言って、このわずかな人数の犯罪に対して、一国を破壊してしまうという暴力は正当化できるものではない。

「核抑止力」というのは、「もしわが国に攻撃を仕掛けてきたら、何倍もの強烈な破壊力をもって〈倍返し〉をするぞ」と脅す「核脅迫力」のことである。(注9)この脅迫に効果があるのは、一定の領土と住民を擁して統治機能を保った政府に対する場合である。しかし、今日戦争状態にあるのは、政府が統治機能を失った社会であり、アフガニスタンやイラクやシリアの人びとが大国の大規模破壊活動に対して〈自爆テロ〉も恐れない心理状態に追い込まれている地域である。そのように甚だしい人命破壊および人権破壊を行っている大国がいくら「核脅迫」をおこなっても相手側にはもはや恐れるものがないであろう。つまり、今日のグローバル社会においては、もはや「核脅迫」を用いた「核抑止力」というものは機能しないと考える。

そのような環境において、原発を保有することは、次のリスクを招き寄せている。

(1) 原爆は核分裂反応を一瞬のうちに行わせて衝撃的な爆発を行わせる装置であるが、原発はその反応を、時間をかけて行わせる。しかし、一年間の運転でヒロシマ型原発の一千倍以上のウランを核分裂させる。(注10)

福島事故によって、原発のどこを壊せば、原子炉が壊れたり核燃料が爆発したりするかというアキレス腱が世間周知の事実となった。電源喪失と、核燃料プールの冷却機能喪失がそれである。そして、その引き金は、ごく小人数の手によって実現可能である。

(2) 「核抑止力」＝「核脅迫力」は、冷戦時代のように統制の取れた国家が互角ににらみ合った状態にあるときに、開戦の引き金を引くことを躊躇させる効果を狙ったものである。一九八九年にソ連邦が崩壊してからはそのようなにらみ合いの構造は消滅した。そして、今日の軍事対立は、大国がすでに統制を失った社会集団に軍事攻撃を加えていることに起因しており、その攻撃を受け

---

注7　N・チョムスキー、大地・榊原訳『誰が世界を支配しているのか？』双葉社、二〇一八年、二三四頁

注8　Margaret Kimberley「ベネズエラ経済を破壊するアメリカ合州国」『マスコミに載らない海外記事』二〇一八年八月二〇日。http://eigokiji.cocolog-nifty.com/blog/2018/08/post-4c96.html

注9　沢田昭二「核兵器と原発で歪められた放射線被ばくの研究」『核時代の神話と虚像』明石書店、二〇一五年、七〇頁

注10　小出裕章「原子力と平和」『核時代の神話と虚像』一六四頁

ている側では、無慈悲な暴虐にすべてを失った人たちが「自爆テロ」をも恐れない状況に追いやられている。そのような人々が報復を企てた場合には、原発はその地域を襲う核兵器相当の道具になってしまう。

原発は民生用発電装置としての優位性がないことが証明されたのみならず、「核脅迫」を恐れない人々が逆襲するための「核兵器」という在り様しか見いだせない危険な存在になってしまっている。

経済的な優劣の結論が出たことは第一章で述べた通りである。それでも、政府が原発維持路線を強硬に護持しているのは、潜在的核兵器生産能力を誇示することによって、〈核抑止力〉が働くという思想による。しかし、〈核抑止力〉は東西冷戦を戦っていた国家主義を標榜する大国間にのみ働く機能であり、社会秩序が失われた社会では機能しない。生活基盤を破壊された小集団は、個人レベルの〈自爆テロ〉さえ、恐れないのであり、〈核抑止力〉は幻想にすぎない。むしろ福島原発事故が示したことは、電源を遮断すればメルトダウンに至ること、および使用済み核燃料プールの冷却を止めれば核燃料の溶融が始まり水素爆発などが誘発されて圧力容器の崩壊に至る可能性が高まることである。(注11)これは、破壊を狙うものにとっては格好の原爆を目前に提供しているに等しい。

また、そのような破壊行為に至らなくても原発および核兵器の開発は日常的に多くの被ばく者を生んできた。原発事故によって、スリーマイル・アイランド、チェルノブイリ、福島では多数の被ばく住民を生んだ。それにとどまらず、日常的にも原発内労働者や周辺住民は大なり小なり被ばくを受けている。さらに、使用済み核燃料の保管に伴って一〇万年の後世に至るまで被ばくの恐れを残すことになる。核兵器についてみると広島・長崎は言うに及ばず、原水爆開発過程でも大規模な被ばく者が発生した。原水爆製造施設および実験場の周辺における住民被害は、アメリカ、旧ソ連、イギリス、フランス、南太平洋諸島、第五福竜丸など、いまだに全容が解明されていない部分も少なくはない。さらに、劣化ウラン弾などの被ばくも深刻になっている(注12)。

## 6　富の源泉の変化と社会の安定

農業生産や地下資源が富の源泉であった時代には、それを獲得するために徴兵制を敷き、大規模な軍隊を動員して利権を獲得することが国家目標であった。しかし今日の富の源泉は、世界中の市民を顧客として知的なサービスを提供したり、ショッピングの意欲を誘うブランドの衣服や日用品を売ったりする行為の方にある。大国同士が大量破壊兵器をもって隣国をせん滅するということに合理的な理由はない。沖縄をはじめとする日本国内の米軍基地を維持しなければならない理由もこの文脈上にあって、その存在理由はもはや消滅したといえる。

しかし、問題は国内の有権者個々人の心の中のプライドの維持の仕方による。隣国に対してヘイ

---

注11　藤岡惇「軍事攻撃されたら福島の原発はどうなるか」二八一頁
注12　山崎久隆「劣化ウランの兵器転用がもたらすもの」『核時代の神話と虚像』明石書店、二〇一五年、二一五頁

ト・スピーチをしたがる一般民衆がどの国にも多数いる。そして、隣国とのいさかいを拡大して声高に「安全保障」を叫ぶ政治家が高い投票率を獲得するという社会にある。その典型は、インドとパキスタンの反目である。両国は建国以来小競り合いを繰り返し、核兵器の開発に注力してきた。この両国は、一人当たりの名目GDPが、インド一九七六USドルで世界各国の順位で一四三位、パキスタンが一五四六USドルで一五〇位である。(注13)

隣国へのヘイト・スピーチや隣人とのいざこざは、ほとんどが本来の原因と違う方向への憂さ晴らしである。そして、低質な政治家は人々のネガティブな感情を票集めに利用する。今まさしくアメリカおよび日本の政治家と国民はインドやパキスタンのそれらと同然である。「核抑止力」必要論は、その種の衆愚政治の結果であり、それが続く限りでは核廃絶は実現できないであろう。

一定地域の住民を全滅させようという核攻撃力とそれに対抗する核抑止力が意味を失うことが、必然の道程ではないだろうか。それは、江戸時代の幕藩体制が明治の統一国家になったのと同然である。

原発が意味を失ってきたのと同じように、核兵器による脅しの構造も世代を重ねるうちに消えていくのではないだろうか。

注13 「世界の一人当たりの名目GDP(USドル)ランキング」『世界経済のネタ帳』。https://ecodb.net/ranking/imf_ngdppc.html

## 第2節　核廃棄物と千年・万年・十万年

### 1　原子力発電環境整備機構（NUMO）の地層処分計画

原子力発電環境整備機構（略称「NUMO」＝Nuclear Waste Management Organization of Japan、呼称「ニューモ」、理事長：近藤駿介氏）という経産省資源エネルギー庁傘下の組織があって、高レベル放射性廃棄物を地中に埋めてしまう計画（「地層処分」という）を仕事にしている。しかし今まで、なかなか思うように地層処分を受け入れてくれる自治体が現れないので、二〇一七年七月に「科学的特性マップ」という地図を作り、NUMOが考える適地を日本地図に記載したものを公表した。その上で「対話型全国説明会」を各県の主要都市ごとに精力的に行っている。（注1）二〇一八年二月二一日には、筆者も東京都内虎ノ門で行われた説明会に参加した。一般参加者は約五〇名であったが、説明や対話のために出席したNUMOの職員は三〇名くらいもいて、ずいぶんと人手をかけた金のかかる対話集会だと思った。

何のために「地層処分」が必要かといえば、原子力発電を行うと、放射性廃棄物が発生し、それをどこかに処分しなければならないからである。核燃料サイクル政策が成功した場合は高レベル廃棄物をガラス固化したドラム缶の形で地下深く埋設する予定であった。東海再処理工場および六ヶ所再処理工場で作った高レベル放射性廃棄物が、すでに一定量地層処分を待っている。その量は、NUMOの「お問い合わせの多いご質問」の回答によると、次のように説明されている。(注2)

国内の原子力発電で使い終わった使用済燃料を再処理した後に、高レベル放射性廃棄物(ガラス固化体)が残ります。使用済燃料の再処理は、国内や海外(イギリス、フランス)の工場で行われており、これまでに二四八二本のガラス固化体が存在しています。また、これまで原子力発電で使われた燃料を全て再処理し、ガラス固化体にしたと仮定すると、その量は、すでにガラス固化体となっているものとの合計で、約二五、〇〇〇本になります(二〇一八年三月末時点)。

そのほか、形態が変わるが、「地層処分低レベル放射性廃棄物」も対象にしている。これも、世代を超えて保管していかなければならない。(注3)

これらの放射性廃棄物は、保管中に容器が破損すると、大気中や地下水中など、周辺住民の生活圏に放射能が漏れだす結果になる。さらに悪意ある人間が意図的に生活圏への拡散を目論んだり、内部に含まれるプルトニウムを利用して核爆弾製造を目論んだり、ウラン同位体を用いて劣化ウラン弾製造を目論んだりする可能性がある。したがって、容器の安定性とともに、盗難に対する警備の信頼性も必要になる。

## 2　処分に適した地層はあるか？

高レベル廃棄物の場合はとくに現世代で始末をつけようとすると、地下三〇〇m以上の深さに埋設して、後の世代の人がまったくその存在を忘れても害を及ぼさないという技術的な手段を講じなければならない。ところが、自然界の放射線レベルに減衰するには一〇万年かかるという。では、一〇万年間安定して地殻変動にも、地下水にも侵されることのない地層が日本にあるかといえば、「それはない」と、元NUMOの職員として適地選定の業務に従事していた専門家が言っている。[注4]

「どこか手の届かないところに埋めて、後は忘れても良いように完璧に処分する」というのは虫が良すぎる。そして、不可能であることは分かり切っているのに、「そういう場所を探します」と唱えて、原子力環境整備・資金管理センターが約一兆円の積立金を抱え、[注5] NUMOが毎年約二〇億円の費用を使って「技術開発」と「適地探し」をしている。[注6]

注1　「対話型全国説明会」NUMO。https://www.facebook.com/numojp/
注2　「よくあるご質問」のうち「高レベル放射性廃棄物はいま、どれくらいありますか?」https://www.numo.or.jp/q_and_a/
注3　「NUMOは何を地層処分するのですか」の答えによる。https://www.numo.or.jp/q_and_a/
注4　土井和巳『日本列島では原発も「地層処分」も不可能という地質学的根拠』合同出版、二〇一四年
注5　公益財団法人原子力環境整備促進・資金管理センター。https://www.rwmc.or.jp/financing/final/financing4.html

「適した地層はない」といった途端に「原発は停止しなければならない」という論理が必然になるから、「いずれ見つけます」といって、原発を動かす口実を設けているに過ぎない。廃棄物の行き場がないというだけでも、原発の存続条件は論理的に破綻している。

## 3　千年後・万年後・十万年後の人類

「地層処分」という名前で、地下深く埋設して忘れてしまおうというご都合主義は断念しなければならないが、すでに高レベル放射性廃棄物や低レベル放射性廃棄物（代表的なものは使用済核燃料で現在各原発の使用済み燃料プールがそれぞれ満杯近くになって、膨大な量が蓄積している）、その他に、福島第一原発の事故後のさらに放射線量が高いデブリが存在する。それらをどう処分するかを考えなければならない。

現在の人類が一〇万年にわたるすべての計画を立案して、以降の人類に「こうせよ」と申し渡すという考え自体がおこがましい。将来の人類の知恵や状態を考えるのに、試みに過去の歴史を同じ年数だけ遡って考えてみよう。イギリスで産業革命がおこったのは、二百数十年前である。明治維新は一五〇年前、原爆ができたのは（つまり核物理学が技術分野に応用されて大量の核分裂物質が人類によって操作されるようになったのは）、わずかに七五年ほど前のことである。自然科学分野において、千年後の人類がどんな知恵を持っているかを予測できるだろうか。人文科学分野においては、千年前の文学や思想が伝えられていて、およそ人々が何を感じ、どう思うかは当たらずとも遠からず程度の想像はできる。ギリシア・ローマの思想や、中国インドの思想は二〇〇〇年～三〇〇〇年くらいまではどうにか残された文物によって想像することができる。けれども、その先の一万年前とか、十万年は想像ができない。これから先、同じスパンの時間が経過した後の人類の有り様を判断できると考える方がおこがましい（表3-1）（注7）。

したがって、千年後の子孫に届く程度の可逆的保管方法をとって、その後の処置はその人々にお願いする以外に道はないと思う。

## 4　対話型集会の限界

政府傘下の公共事業体が対話型集会を行って難題を解決しようとする姿勢は、従来の役所による補助金交付とセットになった利益誘導型の上意下達式意思決定よりはいくらか進歩したものと言えよう。しかし、そこで行われているコミュニケーションは、選択肢が一意的に決まったものを〈ご理解願う〉とするだけである、市民側からすれば、基本的な前提条件から問い直すという議論の余地を排除した、不自由な場の設定しか提供されていない。次のような疑問が湧いてくる。

---

注6　「二〇一八事業年度予算」。https://www.numo.or.jp/about_numo/outline/jigyoukeikaku_yosansho/yosansho/2018.html

注7　「先史時代年表」。https://www.sekainorekisi.com/chronology/%E5%85%88%E5%8F%B2%E6%99%82%E4%BB%A3%E5%B9%B4%E8%A1%A8/

表 3-1　人類史年表

<table>
<tr><th>実年代<br>（年前）</th><th>地質年代</th><th>史的年代</th><th>考古年代</th><th colspan="2">人類</th><th colspan="2">経済・社会・文化</th></tr>
<tr><td>500 万年</td><td rowspan="7">更新世</td><td rowspan="9">先史時代</td><td rowspan="7">旧石器時代</td><td>初源期の人類の出現</td><td></td><td rowspan="5">獲得経済（狩猟・採集）<br>礫石器の使用<br>言語の形成<br>道具の製作<br>火の使用</td><td></td></tr>
<tr><td>400 万年</td><td>アウストラロピテクス・アファレンシス</td><td rowspan="2">猿人</td><td rowspan="6">野外・洞窟住居　群社会</td></tr>
<tr><td>250 万年</td><td>ホモ・ハピリス</td></tr>
<tr><td>130 万年</td><td>ジャワ原人</td><td rowspan="2">原人</td></tr>
<tr><td>50 万年</td><td>北京原人</td></tr>
<tr><td>12 万年</td><td>ネアンデルタール人</td><td>旧人</td><td>埋葬開始（宗教の起源）<br>剥片石器の使用<br>骨角器の製作・漁労<br>弓矢の発明<br>洞窟絵画</td></tr>
<tr><td>6 万年</td><td>クロマニョン人<br>周口店上洞人</td><td>新人</td><td></td></tr>
<tr><td>1 万年</td><td rowspan="3">完新世</td><td>新石器時代</td><td></td><td></td><td>農耕・牧畜開始、生産経済に入る<br>磨製石器・土器・織物・煉瓦・村落定住</td><td></td></tr>
<tr><td>4000 年</td><td>青銅器時代</td><td>シュメール人<br>セム語系・エジプト語系民族の登場<br>インド・ヨーロッパ系民族の登場</td><td></td><td>灌漑農業・犂耕・手工業・交易開始<br>青銅器・文字・神殿の出現<br>都市・階級の成立<br>奴隷の発生</td><td></td></tr>
<tr><td>3000 年</td><td>歴史時代</td><td>鉄器時代</td><td></td><td></td><td>分業の発達<br>鉄器の普及<br>国家の成立</td><td></td></tr>
</table>

※上記の実年代算定は、人類学・考古学・地質学により、また研究者によって相当の差がある。

ア．「今ある核廃棄物を何とか処分しなければ、このまま地上に露出した状態で核廃棄物を放置することはできない」といわれても、それは、原発運転の初めから分かっていたことであり、その対策をしなかったツケをわれわれの所へもってきても、われわれが責任を負う理由はない。

イ．一九七〇年代に化学工場から垂れ流した廃棄物によって深刻な公害問題が多数発生した。その後始末は発生源の化学会社が前面に立って処理した。核廃棄物の発生源は原発を運転している各電力会社である。それらの会社が自社の敷地などを利用して処分すべきではないか。もし、地元自治体に拒否されて、全国的に他地域に依頼しなければならないというなら、公共機関ではなくて、発電主体がその依頼を行うべきではないか。

ウ．日本では経産省傘下の公共事業体が、核廃棄物の処分を引き受けているが、たとえば、フィンランドでは核廃棄物処分までを発電会社の責任で行わせる制度になっている。その結果、二つの原子力発電企業が共同出資して核廃棄物処理を専門に行う子会社（ポシヴァ社）を設立して、その会社が責任主体として、オンカロという処分場を建設している。日本ではＮＵＭＯという公共企業体をつくって、あたかも市役所の清掃局のゴミ収集事業のように核ゴミの処分を引き受けている。市役所の清掃局は産業廃棄物を引き受けないが、〈核廃棄物〉という最悪の産業廃棄物を公共企業体が引き受けているのは理屈に合わないのではないか。

エ．原発をすべて止めた上で「今後は新たな核廃棄物を発生させません。過去の過ちとして積みあがった核廃棄物を処分することは、立場の違いを超えて共通の問題として協力してほしい」というなら、社会全体の問題として協力することもやむをえない。しかし、廃棄物発生を伴う原発再

図 3-1　フィンランドの地層処分実施体制

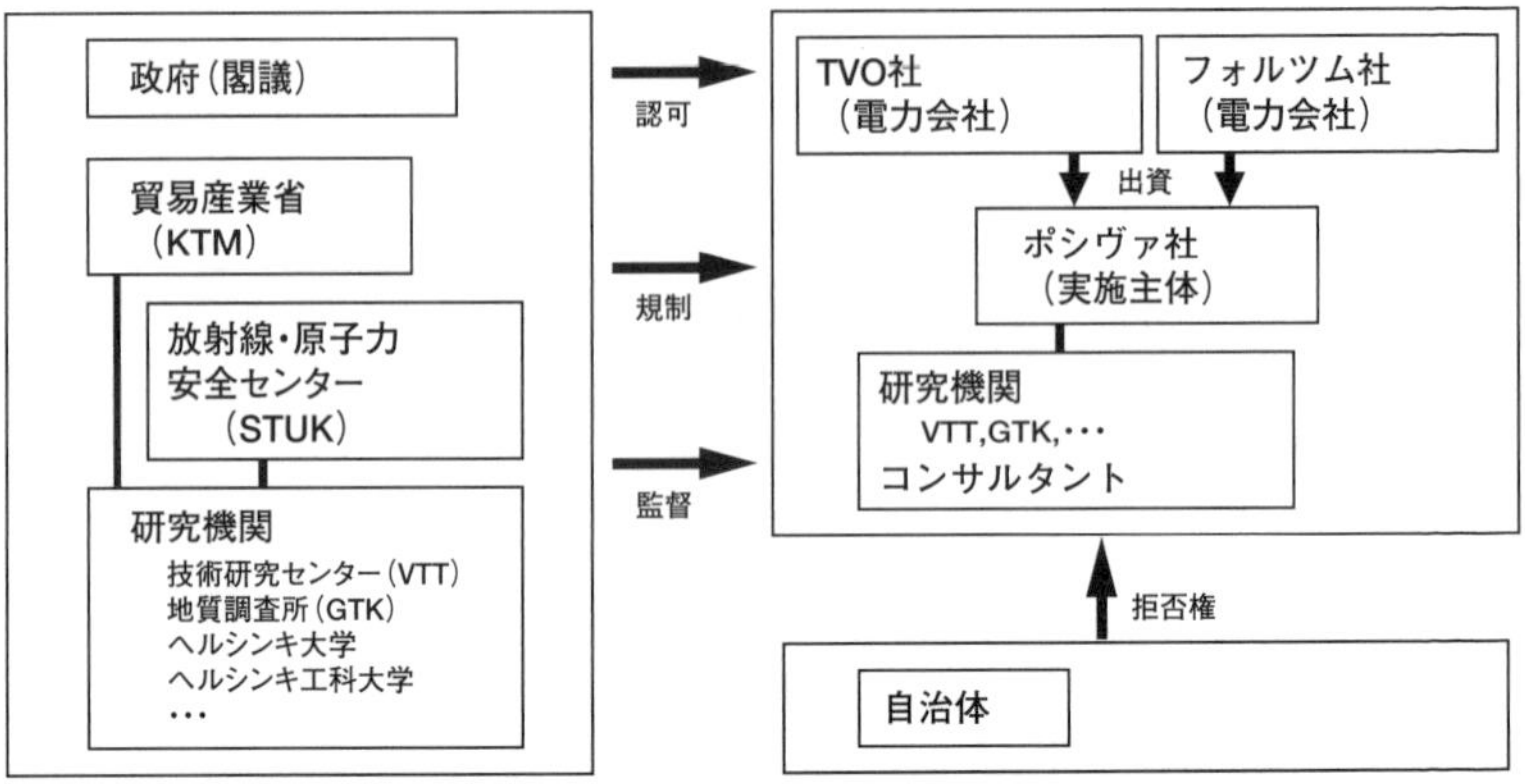


出典：出所：笹田政克・宮城磯治「フィンランドの地層処分―地質特性と地層処分の事業展開、安全規制―」『地質ニュース』602号、産業技術研究所、45～53頁、2004年10月

稼働は積極的に行い、その尻拭いに協力せよと言われても、誰も協力する気にはなれない。

実際、対話集会で体験したことは、市民たちが、廃棄物発生源の原発再稼働を含めた政策全般について納得できる議論をしたいと望んでいるのに対して、説明側のＮＵＭＯの職員たちは、「原発政策はわれわれにとっては与えられた条件であって、議論の余地はない。廃棄物を受け入れてもらうための安全性の説明をしているだけだ」という姿勢に終始している。その点で、不毛な議論が延々と各所で行われている。

フィンランドの地層処分実施体制は、図３-１の通りである。ＮＵＭＯが政府傘下の公共機関であり、ポシヴァ社が民間企業であることは、事業内容が同様であっても責任主体という観点からすると決定的な違いがある。政府という機関は国民を代表する組織であり、国民は政府の行為の責任を共同して負う必要がある。一方、民間企業であれば、国民はアカの他人として対決できる。後述（第五章第5節）に、原発被害者訴訟の場において、政府は多数の官僚を動員して市民の訴えに対抗していることに触れるが、ＮＵＭＯの業務も、最終的には市民の公共上の必要を語って強制力を発揮することもできる。

そのような制度設計そのものが、原発運営組織の非民主主義的性格を表し、どのようなポーズをとろうとも、合理的な市民との対話を阻害していると言える。

## 5　組織名の曖昧化

ＮＵＭＯという組織は、初めから無理を承知で、ないものを探すふりをするために作られたものと考えざるを得ない。

ここで一言触れておきたいことは、この組織の名前である。通称〈ＮＵＭＯ〉と業界でも一般にも呼ばれている。もちろん当事者たちもそう呼んでいる。しかし、これがどういう組織なのかがすぐにわかる人はよほど原発業界に通じている人に限られるであろう。この組織の日本語の正式名称は「原子力発電環境整備機構」という。日本語の略称は聞いたことがない。この名称を初めて聞いて、どういう業務を行っている組織かが分かる人はまずいないであろう。名前から想像されることは、原発立地を地元の自治体や住民と交渉するとか、あるいは原発操業地域の放射線を測定して被ばく管理を行う組織などではないだろうか。

しかるに、通称の〈NUMO〉の英文のフルネームは、Nuclear Waste Management Organization of Japan（あえて訳すれば、「日本核廃棄物処理機構」とでもなるであろう）である。つまり、Ｗａｓｔｅが入った英語のフルネームを読んで初めて業務内容が正確に分かるように命名されている。たとえば、日本語の「原子力発電環境整備機構」をごく普通に英訳すれば、Nuclear Power Generation Environment Management Organization となって、英語国の人びともやはり原発の立地か操業に関して、周辺住民や自治体と交渉する組織だと理解するに違いない。

外国人には正直で、自国民には誤解を誘導しなければ成り立たないのが原発政策なのか。新約聖書の警句を思い出そう。「偽預言者に気をつけなさい。彼らは羊の身なりをして近づいてくるが、その内は貪欲な狼です」（マタイ七章五節）。

## 第3節　戦争も原発もいいとこどり

### 1　原発と自衛戦争

インターネット上に、「原子炉施設に対する攻撃の影響に関する一考察」という六三ページから成る報告書がある。(注1)この報告書は、一九八四年に外務省が財団法人日本国際問題研究所に委託して作らせたもので、関係官庁および電力会社には「取扱注意」というスタンプを押して限定部数を配ったようである。

内容は、ミサイル攻撃などによって、①冷却用電源を喪失した場合、②格納容器が破壊された場合、③原子炉圧力容器が直接破壊された場合の三ケースにおいて、周辺住民の死者数などが予想されている。一九八一年にイスラエルによってイラクの原子炉（建設中のオシラク）が破壊されたという事件があり、その時代背景でスタディしたそうだ（アメリカのスタディを参照しながら）。ざっと目を通したところ、破壊された原子炉から放出される放射能による周辺住民の被ばく被害の性質は福島事故とよく似ている。

注1　https://www.mofa.go.jp/mofaj/files/000160057.pdf

この報告書の存在に関する情報は、斎藤貴男『「東京電力」研究　排除の系譜』(注2)の第一章にある。この報告書が実際に起こった結果と近いことはきわめて当然だが、政府は予防措置を何もしなかったし、こういうスタディを行ったことも秘密にしていた。そして、事故が起こってから「想定外」と言った。ミサイル攻撃を行う場合は、火薬重量が数百kgの爆弾でも原発事故が起これば、一メガトンクラスの原爆相当の放射能拡散がありうるというデータも載っている（なお、広島型原爆は一五キロトンにすぎない。また、福島の原子炉から飛散した放射能はほんの一部である。ここでは、正確な定量比較をする意図はない(注3)）。

著者の斎藤貴男氏は、この報告書の紹介のすぐ後に、小倉志郎氏の「原発を並べて自衛戦争はできない(注4)」を二ページにわたって丁寧に引用している。著者は小倉氏に取材して、かれの意図を丁寧に伝え、物事を統合的に考えればかれのいうように、北朝鮮の核脅威を無いと考えて憲法改正をやめ、軍隊を持つことをやめるか（その時は原発を動かしてよい）、あるいは、核脅威があると考えて憲法を改正して対抗できる軍隊を持つか（その場合は原発を止める）、二つに一つしか選択肢はない、といっている。現実は、自ら主張するリスクを無視して、それぞれの危険側の選択をしている。つまり、原発を動かし、北朝鮮の核脅威の存在を認めて軍隊を持つという選択である。ということは、もし北朝鮮がミサイル攻撃を行ってきた場合には百発百中の迎撃破壊ができるという神業の戦闘力を創設しなければならない。

それは、「必勝」以外は想定しない第二次世界大戦時の日本軍の発想そのものである。負ける場合のケーススタディがないものだから、開戦翌年の夏にミッドウェー海戦で虎の子の戦艦などを失って制海権を奪われたのに、三年間ずるずると焦土になるまで降伏しなかったという史実を想い出す。(注5)日本には、わが身を省みずに勇敢に戦う兵士には事欠かないが、有利な状況だけではなく不利な状況も冷静に受け止めて敗戦時に備えてきちんとした対策を行う司令官はいない。その責任者は内閣総理大臣であるが、現総理大臣はもっとも不適格である。この世の中を切り盛りするリーダーには「危機管理」という機能がもっとも必要であるが、それが皆無である。

不本意な状況は起こらないという前提に立った施策は、原発の規制法規にも典型的に現れている。二〇一三年までは原発の過酷事故は起こらないとして、過酷事故対策を考えないで運転してきたのであった。

## 2　破壊者は内部で育つ

現在、各原発では入出門管理に加えて、入構者の身元調査を行うように対策を講じている。しかし、

注2　角川文庫、二〇一五年。もとの単行本は二〇一二年。二六頁以下。藤岡惇「軍事攻撃されたら福島の原発はどうなるか」『核時代の神話と虚像』明石書店、二〇一五年、二九〇頁にも一ページ余りにわたって引用され称揚されている。

注3　詳しくは、藤岡惇、前掲論考、二八〇頁を参照されたい。

注4　雑誌『リプレーザ』№三、二〇〇七年に寄稿したもの。小倉『元原発技術者が伝えたいほんとうの怖さ』彩流社、二〇一四年に再掲。

注5　内田樹は『街場の戦争論』ミシマ社、二〇一四年の三六頁以下に、「もしも一九四二年に日本が降伏していたら……」という仮定の下に、その後の戦後の成り行きを想像している。

その有効性には疑問がある。

たとえば、電力会社や原発建設エンジニアリング会社などに正社員として採用された人材でも、長年働いているうちに疑問をもって、内部から破壊を志すテロリストに育つ可能性がないとはいえない。有名な下記の小説においてはいずれも破壊者となる主人公は組織内部の人間である。

(1) 高村薫『神の火』新潮文庫版(上)一九九五年
　ついでに紹介すれば、二三二頁には次のセリフがある。「一トンほどの火薬を装填した弾頭を持つミサイルが格納容器に命中したら、格納容器も圧力容器も壊れます」

(2) 東野圭吾『天空の蜂』

(3) 若杉冽『原発ホワイトアウト』

この種のテロリストを止める盗聴社会をつくることが可能であるとも思えないし、原発のためにそのような社会をめざすという考えは不健全である。

テロリズムという問題は、おおむね善良な人々が平和な日常の中に生きている日本社会においては、切実な問題とは考えにくい。しかし、確率が低いということは、万一のリスクを無視してよいということにはならない。原子力の開発に深くかかわった物理学者カール・フリードリッヒ・フォン・ヴァイツゼッカーが、原発開発に賛成という自らの考えを撤回させた理由の一つである。同様の事態を、ローベルト・シュペーマンは次のように説明している。(注6)

このリスクを除くためには、我が国は警察国家に変わらなければならない。すべての人が善人である場合だけ住めるような世界を装備することは、単なる驕慢にすぎない。だが、世界は所詮そういうものだというのが、原発推進派が背後で抱く究極的信念なのだ。こうした信念は、頑迷であり、明らかに誤りである。

## 3　拡大自殺の脅威

特定の原発とか当該組織とかに関係なく、当人の日常生活での不満が原因で自殺を目論み、その自殺の手段として原発を暴走させて、多くの人びとを巻き添えにする場合がある。これを「拡大自殺」という。原発を破壊する時には自分も同時に破滅させてしまうので自爆テロと同様の結果になる。このリスクもこの世においては避けられないものであり、それが存在する限り、原発の存在は許容できない。

### ⑴　拡大自殺の例

拡大自殺の分かりやすい例は、二〇一五年三月二四日に発生した、ジャーマンウイングス九五二五

---

注6　ローベルト・シュペーマン、前掲書、九五頁

便墜落事故である。バルセロナからデュッセルドルフに向けて飛行していた旅客機が、アルプスに突っ込んで、旅客と乗員の全員一五〇人が死亡した事件である。原因は副操縦士が故意に墜落させたからである。

似た事件は一九八二年二月九日に日本でもあった。(注7) 片桐清二機長(当時三五歳)が操縦する福岡発羽田行きの日航機DC8が着陸寸前に突然失速、空港手前の羽田沖に墜落、死亡者二四人、重軽傷者一四九人を出す惨事となった。事故の原因は着陸態勢に入ったときに、片桐機長が突然エンジンを逆噴射させたためだった。ボイスレコーダーに「機長(キャプテン)やめてください!」という石川幸史《よしふみ》副操縦士(当時三三歳)の絶叫が記録されていて証拠となった。記者会見で高木社長は片桐機長が乗員健康管理室から心身症と診断されて経過観察中であったにもかかわらず運輸省(当時)などに報告を怠っていたことを明らかにした。片桐元機長は精神鑑定の結果、妄想型精神分裂症と診断された。

### (2) 原発における拡大自殺例

一九六一年にアメリカのアイダホ州アーコにあった米原子力委員会の原子炉実験所で、休止中の原子炉の制御棒をひとりの技師が意図的に引き抜いてしまったために原子炉が暴走した。

連鎖反応が起き、出力が異常に急増し、原子炉は爆発した。三人の技師は爆発によって死亡したが、そのうちの一人は制御棒で鼠蹊部を突き刺され、その後吹き飛ばされて天井に張り付けになってしまった。それから一〇年後、原子力委員会は、「この事故は……殺人と自殺を決意していた技師が故意に引き起こしたものであったことが、今日では知られている」と、覚書に述べている。この事故を引き起こした技師は、当時明らかに気も狂わんばかりの状態にあったが、その理由は妻が事故当時、一緒に勤務していた技師の一人と不倫の関係にあると思い込んでいたからであったという。

こうして見てくると、明らかに、制御室の運転員には惨事を引き起こすだけの知識、手段そして機会があるといえる。仮に、運転員の心理状態をモニターする方法があるとすれば、それはどのようなものであろうか。制御室の運転員が気が狂わないようにする方法が、果してあるのだろうか。(注8)

つまり、原発に敵意がなくても、原発を手段として拡大自殺を行う運転員があり得るのだ。

## (3) 殺人統計と内部者の心理的不安定

殺人の動機について調査した犯罪統計がある。それが語っているのは、殺人の約五〇%は親族。面識ある人物を殺したというケースが約八八%ということである。(注9)つまり、強い怨恨や破壊衝動は、身

注7　「片桐機長日航機殺人事件から二八年」地球ネットワークス http://cnxss.seesaa.net/article/140688715.html
注8　R・p・ゲイル、T・ハウザー著、吉本晋一郎訳『チェルノブイリ』下巻、岩波新書、一九八八年、一六四頁
注9　「法務総合研究所研究部報告五〇」六頁。http://www.moj.go.jp/content/00012398.pdf

図 3-2　殺人被疑者と被害者との関係別検挙件数・面識率・親族率の推移（昭和 54 年～平成 23 年）

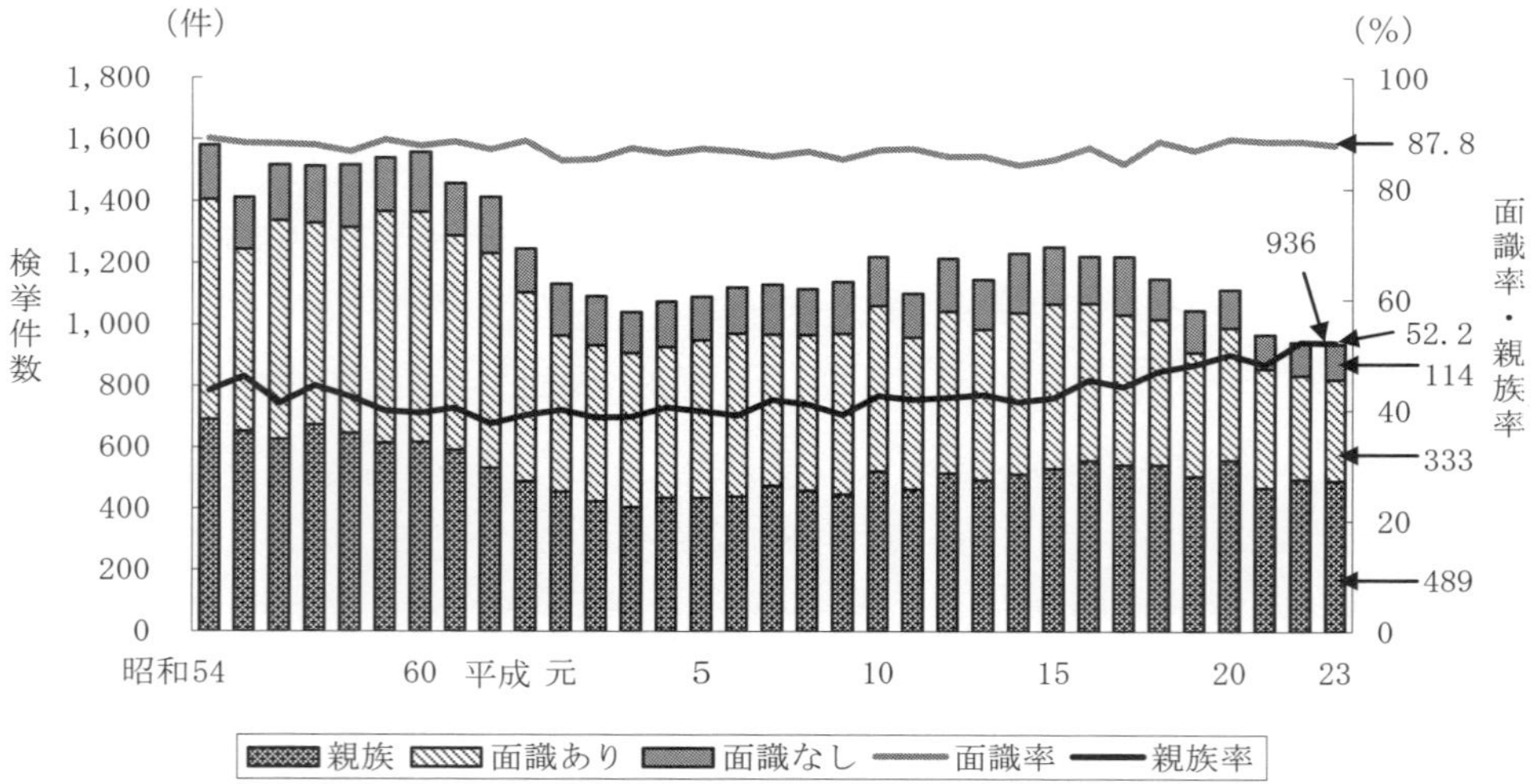


注　1　警察庁の統計による。
2　捜査の結果，犯罪が成立しないこと又は訴訟条件・処罰条件を欠くことが確認された事件を除く。
3　殺人予備を除く。
4　一つの事件で複数の被害者がいる場合は，主たる被害者について計上している。
5　「面識あり」は，友人・知人，職場関係者，交際相手等の面識者をいい，親族を含まない。
6　「面識率」は，検挙件数に占める被害者が被疑者の親族又は親族以外の面識者である事件の比率である。
7　「親族率」は，検挙件数に占める被害者が被疑者の親族である事件の比率である。

内や知り合いの中で起こる確率が圧倒的に多いのである。そのことを示す数値を一九七九年から二〇一一年に渡って図示したものが図3-2である。これから推測すると、原発を見ず知らずの人物が行きがかりに襲う確率よりも、何らかの深い縁がある人物が恨みを懐くとか、あるいは、自殺願望を持つ内部者がその欲求実現のために原発を破壊する確率の方がはるかに高いと推測される。そして、上記の引用文のように、内部者の心理状態をモニターする手段はないのである。

つまり、原発に拡大自殺の危険が高く、それを予測して防ぐ手段はない、これは原発にとって外部からの武力攻撃（テロ）よりもさらに危険性が高いと言わねばならない。

## 第4節　原発規制基準の限定的性格

### 1　核兵器と原発の破壊力

核兵器も、原発も、核エネルギーの実用化以前の軍事兵器や発電システムと本質的な相違がある。兵器技術は、効率的な大量破壊の実現を目的にして発達してきた。そして、国民国家間の紛争解決の最終手段として戦争が位置付けられ、それに向けて各国家が武装することが当然とされてきた。しかし、核兵器が登場してから、限定された犠牲の後に新秩序が形成されるという、悠長な筋書きが成立しなくなった。双方が核兵器を装備するようになり、ボタン一つで相手国の主要都市を壊滅させられるという能力を備えるようになって、もし核戦争が起こったら、人類の滅亡もあり得るという事態に立ち至った。実際、核弾頭は核軍縮が行われつつある現在も、なお、一万四〇〇〇発あると言われており、その量は地球上の人類を何回も絶滅させるに余りある破壊力である。

原発の事故被害についても同様の規模の惨事が予想される。従来の科学燃焼エネルギーを利用した工場における爆発は、その被害範囲が工場内もしくは工場の近傍に限定されていたが、チェルノブイリおよび福島の原発事故においては、一国の半ばが居住不能の汚染に曝されるということが分かった

（福島の場合はいくつかの僥倖によって現在の被害範囲に収まったことを想起されたい）。つまり、被害規模が社会の存続を失わせる可能性すらはらんでいるのだ。

これらに対して、その危険を避けるための安全規制として取りうる手段は、二つしかない。第一は、わずかな可能性であっても、破滅の危険があるものは禁止してしまうという決定である。いわば、賭博場には足を踏み入れないという態度である。核兵器廃絶がこれにあたる。原発も、原因が何であれそのような危険があるならば、廃棄するという決定をした国はいくつもある（ドイツ、オーストリア、イタリアなど）。第二は、原発について、核エネルギー利用にこだわって、「確率が小さい状態に技術水準を高めて利用する」という態度である。原発を利用している国はこの原則を適用して安全のための規制基準を定め、公的な規制委員会が審査や査察を行いながら、核エネルギーの利用を行っている。

## 2　確率計算に基づく原発規制基準の現実

賭博場に足を踏み入れて、破滅的な損失を出さないようにするという確率計算を行い、それを間違いなく実行する、というのが、原子力安全規制の論理である。その破局的な損失に遭遇する確率を一万分の一にするとか、一〇万分の一にすれば、社会の破滅は避けられるという。それではその裏付けとなる確率計算が望ましい誤差範囲の中に収まるだけの正確さを実現できるだろうか。実態は、〈安全目標〉にいう一炉年あたり一万分の一ないし一〇万分の一どころではなくて、二五〇〇分の一であった(注1)。

日本の原子力規制委員会は、二〇一三年に新規制基準を作成、施行して、再稼働する原発がこの基準に適合しているかどうかを確認し、適合していると認めたものは合格の判定を行い、再稼働を許容している。しかし、この基準が果たして、〈安全目標〉にいうリスク確率に適合するかどうかは、論理的にも実際的にも検証するすべがない。

予測しがたい問題の典型例は自然現象に起因する災害である。地震・津波・火山・台風・洪水などが挙げられる。具体例として、東電経営者の事故責任を問う〈東電刑事裁判〉が、現在東京地方裁判所で行われている。福島第一原発の原子炉が津波に襲われ、全交流電源喪失のために冷却不能に陥ったのは、経営者が対策を怠ったからだ、という論拠の検証が争点になっている。

津波予測のデータとして参照されているのは、もっとも古いものでも貞観地震（八六九年）に伴って東北沿岸を襲った津波である。これでも、たかだか一一五〇年前に過ぎない。そのおよそ一〇倍または一〇〇倍の期間に襲来した津波の高さを論じるべき場で、一一五〇年間の既往最大を基準としたかどうか、それが認識可能であったかどうかを争っているのは安全目標にも合わないし、自然現象のバラツキの事実にも合わない。〈七省庁手引き〉を策定する際に、首藤伸夫教授（東北大学）や阿部勝征教授（東京大学）が唱えていた「倍半分」（誤差は二倍もしくは二分の一）という見立てが当を得ていることは明らかである。(注2)

火山の噴火リスクについても、他の自然災害でも同じことが言える。それらが「社会通念」などという根拠のない理屈で、新規制基準の審査をさえ不問にしているのが、現在の原子力規制委員会の姿勢であり、裁判所の判断である。

つまり、確率を正確に計算することができないにもかかわらず確率の建前を打ち出しておき、常識的判断に基づく概算確率にも適合しなくなったら、「みんなが心配していないんだから、その程度のリスクは社会が受容しているとみなす」という、正体不明の判定をしているのが、現在の規制委員会と裁判所である。

## 3　未知の規制項目

現行の規制基準を凌駕する自然災害の可能性を示す自然科学上の新しい知見が次々に現れて、規制基準の欠陥が表面化している。それでは、「これなら安心だ」という規制基準の決定版はつくれるだろうか。

一万年に一度、あるいは一〇万年に一度の地震、津波、火山噴火などの規模を予測するには測定データが少なすぎて、規制基準とするべき災害規模を決められない。それに加えて規制項目自体が現在想定されているもので十分かという問題がある。たとえば、火山噴火という項目は福島原発事故以降に加わったものである。テロ対策や拡大自殺がリスク対象として検討項目に挙げられるようになったのは近年のことである。現在規制基準に決められている災害は、わかりやすく、数値化が可能なものの典型例を記述しているにすぎない。しかし、この世で起こることは、定義しにくい偶発事も少な

注1　『原発ゼロ社会への道』二〇一四年版、原子力市民委員会、一三九頁
注2　添田孝史『原発と大津波　警告を葬った人々』岩波新書、二〇一四年、二九頁

くない。このことについて、C・F・V・ヴァイツゼッカーが、古代に日食を始めて予測したと言われるタレスの逸話を引用して説明している。(注3)

タレスは、歩きながら天を観察していたそうです。それで突然、彼は水ための中に落ち込んでしまいました。それを見ていたひとりの下女が、

「タレスさん、あなたは天に何があるかはよく眺めておいでのようだが、自分の足の前にあるものはごらんなさらない」

といいました。（中略）

タレスは、日食が起こるであろうことは確実に知っていたけれども、その日、太陽が少しずつ暗くなりながら姿を消していくのが見えるかどうかについては、知っていませんでした。なぜなら、それはその日、雲が出るか出ないかにかかっていたからです。

天気そのものははっきりしない不思議な原因があって、天体の星の運行よりも複雑な、別の自然現象に属します。この自然現象は選び取ることはできません。天気は私たちに現実を提供するのです。


科学を極めれば何でも知ることができると考える浅薄な「科学主義」から脱却する必要がある。

---

注3　C・F・v・ヴァイツゼッカー、遠山義孝訳『核時代の生存条件』講談社現代新書、一九七〇年、一一六～一一七頁

# 第四章　事故サイト内外の後始末

# 第1節　減容化施設による汚染物質のまき散らし

## 1　汚染土のたらい回しとまき散らし

福島県では大規模な除染工事が行われている。これに対して識者たちは危機感を覚え、事故直後から「避難地域においては除染を行わず、居住を続けている限界的な地域における汚染スポットのみを行うべきだ」ということと、「居住可能な地域を一ミリシーベルト／年（mSv／y）の環境が実現できる地域に限定すべきだ」ということを主張して来た。(注1) その主張の立脚点は、「居住に適しないところからは避難することを原則とし、避難できない人々のための次善の策として、限定的な除染を行うことが適切だ」という認識にある。子ども被災者支援法も被ばくを避けるための避難の権利を優先する趣旨で制定されたし、国連人権委員会の度重なる提言もそういう趣旨でなされている。

しかし現実には、居住に適さない高放射能汚染地域において除染工事を大規模に実施して、無理やり短期間のうちに帰還させる政策が実行された。そのために、一般人の放射能追加被ばく限界とされていた一mSv／yを顧みず、二〇mSv／yという追加被ばく基準を制定して、無理にも住民の帰還を促す政策がとられ、避難者たちに対する住宅費用補償の打ち切りなどが強行された。そのような経済的圧迫を加えられても、双葉郡の四町においては、実際に帰還した人びとが六〇歳代を中心に、一〇％台の少数にとどまっていることは、それがいかに住民の健康と意向を無視した政策であるかを物語っている。

除染工事ではぎ取った汚染土壌は最大二二〇〇万㎥と言われ、それらを詰めたフレコンバッグが田畑や空き地を利用した仮置き場や仮仮置き場に積みあがっている。その容積を少しでも減らす目的で、減容化施設（仮設焼却炉施設）を約二〇カ所作って焼却による減容を行っているが、土壌が多いことから、減容効果は約二〇％にしかならない。[注2] 他方、チェルノブイリの実績を顧みれば、住民避難を原則として、除染は補助的にしか行われなかった。ロシアでの除染土壌の量は、一九八六年に九〇〇〇㎥、一九八八年には一五万㎥程度に過ぎないといわれている。[注3]

除染工事によって発生した汚染土壌は、仮置き場や仮仮置き場からどこかに移動しなければならないので、事故を起こした福島第一原発サイトの隣接地域を中間貯蔵施設用地として借り上げて、広大な施設を新設しつつある。三〇年後には「県外」へ移動すると法律にも明記している。[注4] しかし、その行く先の目途はたっていない。実は政府は、三〇年後には汚染土壌がほとんど中間貯蔵施設に残ら

---

注1　原子力市民委員会も、チェルノブイリ事故後の立ち入り禁止ゾーンの指定を参照しながら、その主旨の提言を行った。特別レポート2「核廃棄物管理・処分政策のあり方」二〇一五年、四九頁。http://www.ccnejapan.com/20151225_CCNE_specialreport.pdf

注2　「除去土壌等の中間貯蔵施設の案について」中間貯蔵施設等福島現地推進本部、二〇一四年五月、五頁。http://josen.env.go.jp/chukanchozou/action/acceptance_request/pdf/aggregate_draft.pdf

注3　まさのあつこ『あなたの隣の放射能汚染ゴミ』集英社新書、二〇一七年、一三七頁

注4　杉浦雅一「中間貯蔵施設の供用開始に向けた政府方針の法制化」『立法と調査』三五九号、二〇一四年一二月、三二二頁

ないように、それ以前に施設から持ち出すことを画策している。それが汚染土壌の「資源化」である。放射線量八〇〇〇Bq／kgの土を「無害」と称して（本来の基準は一〇〇Bq／kgのクリアランスレベル）、道路や堤防の工事材料の中に埋め込もうとしている。つまり後追いのご都合主義で基準を八〇倍にも緩和している。

土をはぎ取って焼却し、中間貯蔵施設に移動するという作業のために、すでに環境省だけで多額の費用と膨大な被ばく労働者の作業量が投じられた。この先「資材」と称して町中の土木工事に使えば、土は一回りして元に戻ることになる。それなら、何もしないで放射能の減衰を待った方が、農地の表土破壊を生じなくてよかったのではないだろうか。本来多額の費用は、地元住民の被ばくを避け、健康を守るために使うべきであった。その資金が土建業界や焼却炉メーカーに回され、住民は原発労働者よりも高い被ばく環境に住むことを強いられている。

政府の施策からは、一般市民の健康や生活を第一に考えているとは到底考えられない。初めから効果が期待薄だった除染工事の意思決定に、業界団体と御用学者を招いて、事故直後から除染工事を計画・実施してきた。（注5）現在行われている除染工事とその一環をなす減容化施設は、市民の健康を犠牲にして産業界の利益を図るものとしか考えられない。

## 2　除染事業に関する支出

資源エネルギー庁の「エネルギー白書２０１６年度版」によれば、福島第一原発事故の「後始末」

### 表 4-1　除染事業に関する予算措置及び執行状況

（単位：千円）

| 年度 | 予算額 | | | 支出済額 | | |
|---|---|---|---|---|---|---|
| | 国直轄 | 市町村 | 計 | 国直轄 | 市町村 | 計 |
| 平成 23 年度予備費 | 15,725,497 | 192,235,278 | 207,960,775 | 13,603,991 | 192,235,278 | 205,839,269 |
| 平成 23 年度補正 | 94,939,265 | 104,723,424 | 199,662,689 | 13,688,230 | 85,753,594 | 99,441,824 |
| 平成 24 年度当初 | 267,801,394 | 104,288,937 | 372,090,331 | 256,097,226 | 101,193,700 | 357,290,926 |
| 平成 25 年度当初 | 294,860,026 | 202,935,867 | 497,795,893 | 289,248,453 | 199,631,373 | 488,879,826 |
| 平成 25 年度補正 | 407,279 | 80,000,000 | 80,407,279 | 370,571 | 80,000,000 | 80,370,571 |
| 平成 26 年度当初 | 118,788,099 | 139,386,202 | 258,174,301 | 114,523,759 | 135,631,251 | 250,155,010 |
| 平成 27 年度当初 | 241,367,156 | 176,008,543 | 417,375,699 | 238,460,604 | 174,825,576 | 413,286,180 |
| 平成 27 年度補正 | 6,639,913 | 71,660,674 | 78,300,587 | 6,639,913 | 71,660,674 | 78,300,587 |
| 平成 28 年度当初 | 292,024,683 | 232,966,118 | 524,990,801 | 226,543,772 | 232,885,813 | 459,429,584 |
| 平成 28 年度補正 | 139,202,462 | 191,546,989 | 330,749,451 | 138,977,519 | 191,546,989 | 330,524,508 |
| 平成 29 年度当初 | 161,831,838 | 123,745,642 | 285,577,480 | 74,869,122 | 123,701,354 | 198,570,476 |
| 平成 30 年度当初 | 73,325,745 | 47,938,095 | 121,263,840 | ― | ― | ― |
| 合計 | 1,706,913,357 | 1,667,435,769 | 3,374,349,126 | 1,373,023,159 | 1,589,065,601 | 2,962,088,760 |

※四捨五入等の理由により、計数が合致しない場合がある。
出典）環境省提供資料 2019 年 1 月 31 日
補足説明（筆者）：
1．補正予算額が記載されていない年度は、除染事業が計上されていない。
2．『除染事業誌』に記載された数値を若干修正したところがある。

---

注5　日野行介『除染と国家――二一世紀最悪の公共事業』集英社新書、二〇一八年、第三章・第四章など

の費用を二二兆円と見積もっており、その内訳を次のように示している。(注6)

・1F廃炉・汚染水　八兆円
・賠償　八兆円
・除染　六兆円

除染のために環境省が二〇一八年三月までに支出した費用は、表4‐1の通りで、支出済額が約三兆円（二兆九六二〇億円強）である。ほかに他省庁や地方自治体が支出した関連費用があるが、その詳細をここでは問わない。

## 3　減容化施設の仕様と費用

環境省の本省と福島地方環境事務所が発注した契約情報がインターネット上に公開されている。

本省：過去の契約情報 http://www.env.go.jp/kanbo/chotatsu/tekisei/index.html

福島地方環境事務所：入札結果等公表

除染に係る入札結果等公表について [2017.03.01 ~ 2020.03.31]

廃棄物に係る入札結果等公表について [2017.03.01 ~ 2020.03.31]

中間貯蔵に係る入札結果等公表について [2017.03.01 ~ 2020.03.31]

特定復興再生拠点区域に係る入札結果等公表について [2017.03.01 ~ 20.03.31]
http://fukushima.env.go.jp/procure/index.html

それらのデータが一貫して開示されているのは、二〇一三年度（平成二五年度）から二〇一七年度（平成二九年度）までに限られており、それ以前の二〇一一年度および二〇一二年度の分は、「五年以上経過した資料は廃棄する」との理由で開示を受けられなかった。また、二〇一八年度（平成三〇年度）以降の開示資料は時期的に全体をカバーしていないので、以下の作業における集計対象とはしなかった。

上記の資料のうち、筆者が減容化施設の費用と理解した項目を、各減容化施設のリストに割り振ってまとめたものが、表4-2「減容化施設の費用」である（飛灰のコンクリート固化施設も減容化施設の機能を補完するものとして加算した）。この表でわかることは、二〇一三年度から二〇一七年度までの五年間に減容化施設のために投じられた費用の合計が、一兆二五二九億円に達するということである。

上記の減容化施設に投じられた金額が、該当する年度の間に支出された「除染事業」の費用の中に占める割合を調べるために、表4-3を作成した。該当期間の間に支出された除染費用の合計は、

---

注6　資源エネルギー庁『平成二八年度エネルギーに関する年次報告』第Ⅰ部第一章第五節二　表第一一五-二-二「廃炉・賠償・除染に係る全体費用」。http://www.enecho.meti.go.jp/about/whitepaper/2017html/1-1-5.html

表 4-2　減容化施設の費用（環境省および福島地方環境事務所　所轄分）

| 番号 | 設置市町村名 | 焼却対象物量（t） | 実質運転期間 | 施設の種類 | 受注業者 | 基数 | 処理能力（t/d） | 建設費（円） | 運転 / 解体費（円） | 備考 |
|---|---|---|---|---|---|---|---|---|---|---|
| 0 | 共通費用 | | | | | | | 19,506,452,457 | 1,794,765,324 | |
| 1 | 福島市堀河町 | 7,726 | 258 日 | 汚泥乾燥施設 | 新日鉄住金エンジ、三菱総研、日本下水道事業団 | 1 | 30 | 8,390,091,275 | 不詳 | |
| 2 | 伊達市霊山町石田 | 154,003 | 3 年 9 カ月 | 大型焼却炉 | JFE エンジ | 1 | 130 | 6,766,956,000 | 5,828,004,000 | 除染廃棄物は伊達市で、農林業系廃棄物は飯舘村蕨平で処理 |
| 3 | 川俣町 | 3,300 | — | 既存焼却炉 | — | — | — | 820,800,000 | 273,229,200 | |
| 4 | 国見町徳江上悪戸 | 26,000 | 433 日 | 汚泥乾燥施設 | JFE エンジ | 1 | 60 | 不詳 | 不詳 | |
| 5 | 郡山市日和田 | 17,734 | 7 カ月 | 汚泥乾燥施設 | 神戸製鋼、神鋼環境ソリューション、日本下水道事業団、三菱総研 | 1 | 90 | 不詳 | 不詳 | 指定廃棄物終了後県に移管 |
| 6 | 田村市都路町・川内村（東電南いわき開閉所） | 40,000 | ? | 既存焼却炉と並列で仮設焼却炉 | 三菱重工、大林組、東亜建設 | 1 | 60 | 0 | 29,202,637,739 | 飛灰処理施設を併設 |
| 7 | 鮫川村青生野 | 450 | 300 日 | 小型焼却炉 | 日立造船 | 1 | 1.5 | 272,160,000 | 不詳 | 2013 年 8 月爆発事故により停止、2014 年 3 月再開 |
| 8 | 南相馬市小高区 | 260,000 | 2 年 2 カ月 | 大型焼却炉 | JFE, 日本国土 | 2 | 200 x 2 | 34,604,620,500 | 138,486,607,619 | 埋設家畜・イノシシ等焼却のため 2019 年より運転延長 |
| 9 | 相馬市光陽 1・2 号機 | 75,000 | 5 ～ 8 カ月 | 大型焼却炉 | タクマ | 2 | 150 x 2 | 不詳 | 2,406,367,890 | 新地町と共用 |
| 10 | 相馬市光陽 3 号機 | | | 大型焼却炉 | IHI | 1 | 270 | | | |
| 11 | 飯舘村小宮沼平 | 1,900 | 380 日 | 大型焼却炉 | 神戸製鋼 | 1 | 5 | 766,706,680 | 7,704,119,870 | |
| 12 | 飯舘村蕨平 1・2号機 | 210,000 | 2 年 9 カ月 | 焼却炉 | IHI、日揮、熊谷組 | 1 | 120 × 2 | 42,709,965,870 | 66,156,696.001 | 運転延長 |
| 13 | 飯舘村蕨平資材化施設 | 500 | 50 日 | 回転式焼成炉 | 日揮、太平洋セメント、日本下水道事業団、ほか | 1 | 10 | | | |

| | | | | | | | | | | |
|---|---|---|---|---|---|---|---|---|---|---|
| 14 | 双葉町中間貯蔵施設その1 | | | 大型焼却炉 | 新日鉄、クボタ、大林 | 1 | 150 | 3,955,608,000 | 129,675,600,000 | |
| | | | | 灰処理 | | 2 | 150×2 | | | |
| 15 | 双葉町中間貯蔵施設その2 | | | 大型焼却炉 | JFE、前田 | 1 | 200 | 不詳 | 122,553,466,560 | |
| | | | | 灰処理 | | 2 | 150×2 | | | |
| 16 | 大熊町 | | 約5年 | 焼却炉 | 三菱重工、鹿島建設 | 1 | 200 | 5,284,008,000 | 59,747,362,560 | |
| 17 | 浪江町棚塩 | 289,000 | 3年2カ月 | 大型焼却炉 | 日立造船、安藤・間、神戸製鋼 | 1 | 300 | 49,440,240,000 | 72,430,291,800 | 運転延長 |
| 18 | 富岡町毛萱 | 305,000 | 2年 | 大型焼却炉<br>破砕処理施設 | 三菱重工、鹿島建設 | 2 | 250 x 2 | 60,975,198,521 | 96,167,351,247 | 5カ月運転延長 |
| 19 | 楢葉町波倉 | 126,000 | 3年5カ月 | 焼却炉、 | JFE, 飛島 | 1 | 120 | 34,955,712,000 | 86,760,411,375 | 111000トン予定量<br>78800トン実績 |
| | | 83,000 | 5年 | セメント固化施設 | 鴻池、前田、西武、株木特定建設 | 1 | 120 | 未算入 | 未算入 | |
| 20 | 広野町下北迫岩沢 | 42,280 | 528日 | ガス化溶融炉 | 新日鉄住金エンジ | 1 | 80 | 2,808,999,495 | 5,088,205,600 | |
| 21 | 葛尾村野行地蔵沢 | 132,000 | 2年2カ月 | 大型焼却炉 | JFE、奥村、西松、大豊 | 1 | 200 | 37,143,360,000 | 69,965,467,200 | 2018年4月より運転延長 |
| 22 | 川内村五枚沢 | 2,016 | 288日 | 大型焼却炉 | 日立造船 | 1 | 7 | 2,479,911,500 | 3,973,090,500 | |
| 23 | 二本松市戸沢 | 108,000 | 3年 | 焼却炉 | 日立造船、大林 | 1 | 120 | 0 | 5,563,374,594 | |
| 24 | 特定廃棄物埋立処分施設(旧エコテッククリーンセンター) | | | 焼却灰等埋め立て処分施設 | | 1 | | 不詳 | 38,244,971,880 | 株木建設より69億円で買収、2町に100億円交付 |
| 25 | いわき市南部清掃センターセメント固型化施設 | | | | | | | 73,003,680 | 不詳 | |
| | 合計 | | | | | | | 310,953,793,978 | 942,022,020,959 | |
| | 総計 | | | | | | | 1,252,975,814,937 | | |

注：平成23年度（2011年度）、平成24年度（2012年度）および平成30年度（2018年度）以降の費用は未算入。

二兆二九九五億円であり、その期間に支出された減容化施設の費用は、その五四％に当たる（ただし、開示された資料が限定されているために若干の誤差があることは、同表の「補足説明」に記載した通りである）。

減容化施設の費用が、除染事業の費用の半ば以上を占めていることは一般には知らされていなかった。たとえば、二〇一八年に環境省が発表した『除染事業誌』には減容化施設についての記載が見当たらない。減容化施設がそれほどの費用を投じて実施されなければならない必然性や意味があったのかを以下に検討してみたい。

## 4　減容化施設の仕様

### (1)　焼却炉の設計容量

表4‐2の各施設について、「焼却対象物量」「処理能力」「実質運転期間」の欄を設けた。(注7) 焼却対象物量を処理能力で割り算したものが実質運転期間である。運転期間の数値を見ると、一年前後などの異様に短いものが少なくない。いかに仮設設備であっても、健全な性能を持った設備を建設するならば高度の耐久性を持ち、万が一にも放射能に汚染された粉じんが予期せぬ漏えいを起こさないように、

注7　仕様の内容については、和田央子氏の資料に負うところが多い。

## 表 4-3　除染事業支出額に占める減容化施設の費用の割合

| 除染事業に関する予算執行状況（2019 年 1 月 31 日　環境省提供）（単位：千円） | | | 減容化施設の費用（単位：千円） |
|---|---|---|---|
| 年度 | 支出済額 | | 発注額 |
| | | | 平成 25 年度～ 29 年度の合計 |
| 平成 23 年度予備費 | 205,839,269 | | ／ |
| 平成 23 年度補正 | 99,441,824 | | ／ |
| 平成 24 年度当初 | 357,290,926 | | ／ |
| 小計 | 662,572,019 | | 不詳 |
| 平成 25 年度当初 | 488,879,826 | | ↓ |
| 平成 25 年度補正 | 80,370,571 | | ↓ |
| 平成 26 年度当初 | 250,155,010 | | ↓ |
| 平成 27 年度当初 | 413,286,180 | | ↓ |
| 平成 27 年度補正 | 78,300,587 | | ↓ |
| 平成 28 年度当初 | 459,429,584 | | ↓ |
| 平成 28 年度補正 | 330,524,508 | | ↓ |
| 平成 29 年度当初 | 198,570,476 | | ↓ |
| 小計 | 2,299,516,742 | ⇔ | 1,252,975,815 |
| | （100％） | | （54％） |
| 平成 30 年度当初 | — | | ／ |
| 合計 | 2,962,088,760 | | 不詳 |

補足説明：

1.「支出済額」と「発注額」には、時間的な差があるため不正確は免れない。資料開示の限界のために減容化施設の支出額は得られなかった。ただ、比較対象とした平成 25 年度から平成 29 年度は、この事業の中間的な時期に当たり、年度ごとの変動が少なければ、支出済額と発注額の発生時期の違いは相殺される。よってこの比較結果は、おおむね実情を反映している。

2.「減容化施設の費用」は表 4-2 によるが、発注者が市町村の場合の費用は資料未入手のために、原則として加算されていない。したがって過小評価の可能性が高い。

図 4-1　粒子径によるバグフィルターの捕集効率

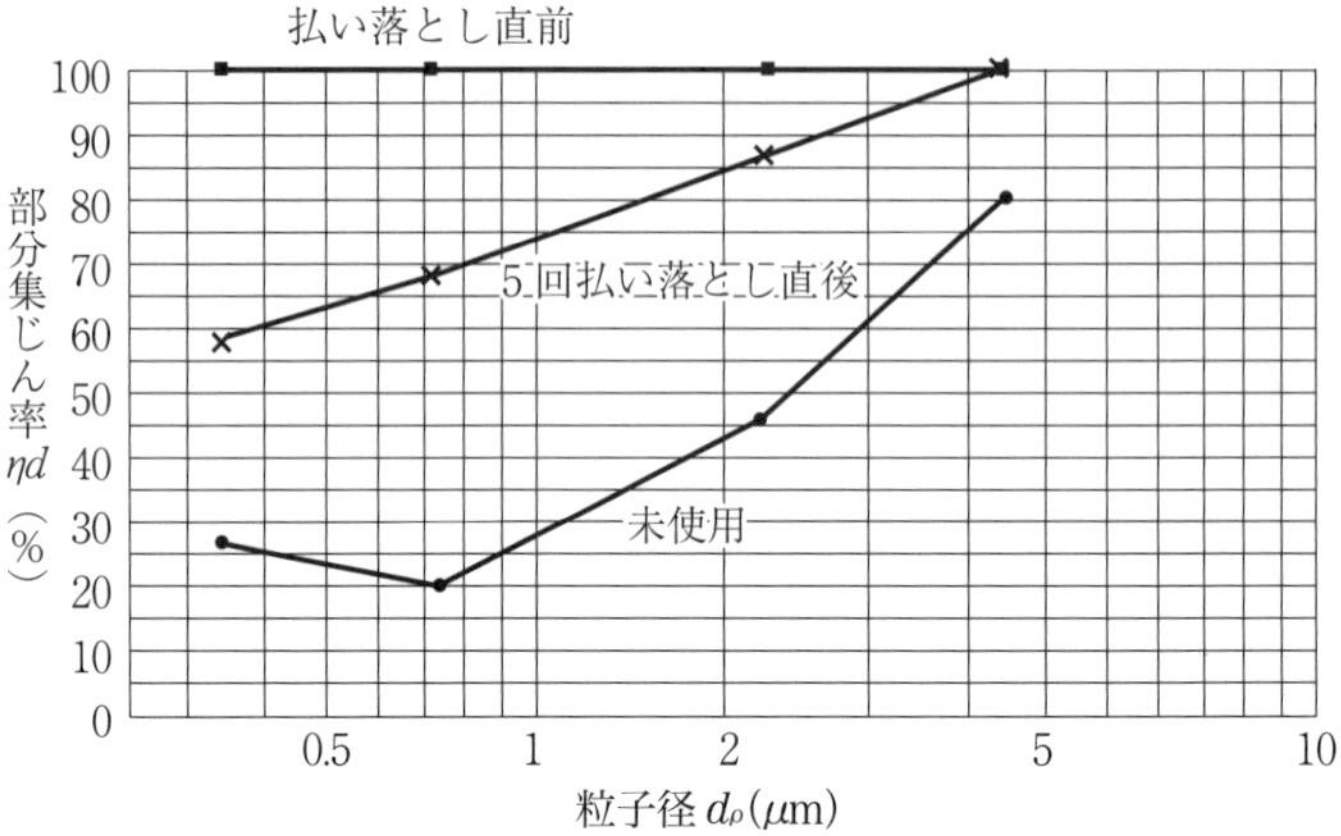


実験条件
ろ布：ポリエステル毛焼きフェルト、繊維径 14μm
　　　　目付 600g/㎡、30 ㎝ ×30 ㎝
使用粒子：JIS11 種関東ローム（平均粒子径 1.5μm）
ろ過速度：3 ㎝ /s
払い落とし時圧力損失：2kPa（200 ㎜ $H_2O$）
払い落とし気流圧力：100kPa（1m$H_2O$）
払い落とし気流噴射時間：200ms

出典)「ごみ処理で放射能が飛んでくる　放射能拡散は防げるか」ちくりん舎、19 頁
http://anti-hibaku.cocolog-nifty.com/blog/files/20180318_Aoki-ilovepdf-compressed.pdf

十分に堅牢な仕様でなければならない。集じん装置も放射能を帯びた微粉が漏えいしないように堅牢かつメンテナンスが行いやすい装置であって、労働者の被ばくも最小になるようなものでなければならない。

そのような前提で考えると、むやみに容量が大きくて一年程度の短時間で処理が終わるような過大な容量をもつものではなく、小ぶりで堅牢な設備であって、少なくとも三〇年程度は着実に使用されるような仕様でなければならない。設備容量は、設備価格に直結するものであり、計画容量が過大であることは理解に苦しむ。

## (2) バグフィルターの効率

焼却炉は除染廃棄物のうち可燃物を燃焼するものであるが、排ガスの中には放射能を帯びた粉じんが同伴する。事業者たちは、「バグフィルターの効率は九九・九九％であるから、周辺環境を放射能で汚染することはない」という。しかし、これはバグフィルターの実態を正確に表わしてはいない。一般にバグフィルターの効率は捕集した粒子の重量比で表示する。したがって、細かい粒子が放射能の主たる担体であるときは、ほとんどが抜けて行ってしまう。また、気体はまったく捕集できない。

図４‐１に一般的なバグフィルターの捕集効率を示す。粒子径が一㎛以下の場合は、重量比で三〇％が抜けていくことを示している。しかも、効率が上がっていくのはある程度使用してバグが目詰まりした状態になってからである。

一般に、粉体の製品（粉末食品、洗剤、医薬品、プラスチック素材など）を製造する工場で使用されるバグフィルターは、製品の捕集効率を高く維持するために、メンテナンスをこまめに行う努力がなされるが、価値のない廃棄物を捕集する目的に使用される場合には、メンテナンスが几帳面に行われない場合が少なくない。表４‐４は地方自治体の清掃工場におけるバグフィルターのトラブル事例を示しているが、耐熱性プラスチックでできたフィルターろ布の破損は、高い頻度で起きているのが実態である。(注8)

注8　（社）日本粉体工業技術協会の会員一一社のアンケート結果によると現実にバグフィルター集じん設備を使用している。（「平成一九年度　環境保全用バグフィルタ集じん設備及び関係する課題の標準化報告書」）

表 4-4　バグフィルターのトラブルの事例

| トラブル | よく起きる割合（%） | たまに起きる割合（%） |
|---|---|---|
| フィルターの破損等 | 21.4 | 21.2 |
| 払落し装置の故障 | 9.5 | 13.6 |
| ダスト排出装置関係 | 14.3 | 10.4 |
| フィルターの目詰まり | 28.6 | 19.6 |
| 排気粉塵漏れ | 14.3 | 12.0 |
| ファンに関するもの | 2.4 | 4.8 |
| 腐食・摩擦関係 | 9.5 | 8.0 |
| 火災 | 0.0 | 2.4 |
| 雨漏れ・結露関係 | 0 | 6.0 |
| 付属装置 | 0 | 2.0 |

出典）「平成 19 年度 環境保全用バグフィルタ集じん設備及び 関係する課題の標準化報告書 」平成 20 年 3 月、社団法人日本機械工業連合会、社団法人日本粉体工業技術協会

## 5　ばいじんへのセシウム粒子の付着の考え方

国立環境研究所の説明によると、燃焼炉から発生するセシウム化合物の量および形態は図４‐２のようになる。燃焼炉の排ガス中に含まれる塩化セシウム（CsCl）は、集じん器（バグフィルター）を通過する直前に二〇〇℃以下まで冷却されて固体の微粒子になる。これが飛灰の表面に付着する。飛灰粒子の重量当たりの表面積は、粒子径が小さいほど大きくなるので、粒子径の小さい粒子ほど相対的に多くの放射能を運ぶことになる。

図４‐３に、環境省資料による、体積分布、表面積および粒子数での分布をグラフで表現したものを引用する。これは、燃焼排ガス中に形成されやすい粒度分布を示すものである。この図からわかることは、体積分布で平均粒径が大きくても、表面積分布で見ると中央値は一桁小さい粒径の位置にあるということである。（注9）

## 6　除染政策立案者と受益者

被ばく軽減のためにまずなすべきことは避難である。除染は汚染地を離れられない人々のための補助的手段である。一般人の被ばく許容線量は、もともと一mSv／yであった。しかし、政府は「緊急時」を理由に避難指示基準となる線量を二〇mSv／yと改めて、避難指示を性急に解除していった。また、住宅周辺や農地などの生活圏を除染した結果、最大二二〇〇万㎥と言われる汚染土壌が積みあがった。それを中間貯蔵施設に三〇年間保管後、「県外」へ搬出すると約束した。しかし、政府は汚染土壌を減らして、三〇年後の「最終処分」を必要とする量をほとんど無視できる程度に減らす方策を非公開のワーキンググループの会議で行っていた。それが、「除去土壌等の再生利用に係る放射線影響に関する安全評価検討ワーキンググループ」（WG）である。（注10）第一回会合は二〇一六年一月に行われている。

汚染土壌を少しでも減らす方策として、まずは可燃成分を焼却する「減容化」を行い、その上で、汚染土壌を土木工事資材として再利用することを環境省は計画している。本来、生活圏に汚染土壌が持ち込まれる場合の基準（クリアランスレベル）として、一〇〇Bq／kgという基準があった。八〇〇〇Bqのものが一〇〇Bqまで減衰するには二〇〇年近くかかる。（注11）

注9　「環境省微小粒子状物質健康影響評価検討会報告書」平成二〇年四月。www.env.go.jp/council/former2013/07air/y078-02/mat02-1.pd
注10　日野公介、前掲書、一〇三頁

# 図 4-2　燃焼炉（ストーカ炉）におけるマルチゾーン平衡計算から推測したセシウム化合物の形態

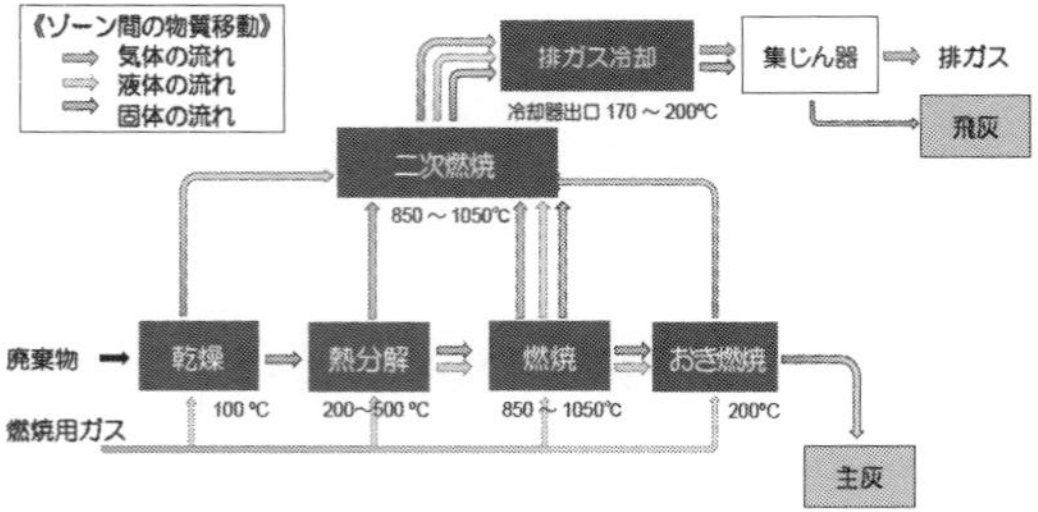


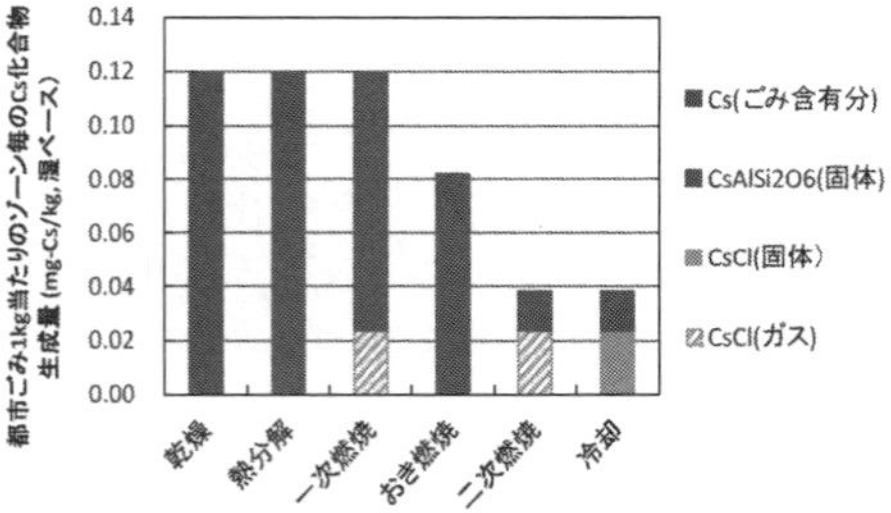


出所：倉持秀敏、由井和子（国立環境研究所　資源循環・廃棄物研究センター）「焼却過程における放射性セシウムの挙動把握と化学形態の推定」、『国立環境研究所ニュース』34 巻 2 号、2015 年 6 月。https://www.nises.go.jp/kanko/news/34/34-2/34-2-03.html

●一次燃焼、二次燃焼で一部はCsCl（ガス）となる
●排ガス冷却でCsCl（ガス）が冷却、凝縮されてCsCl（固体）となる

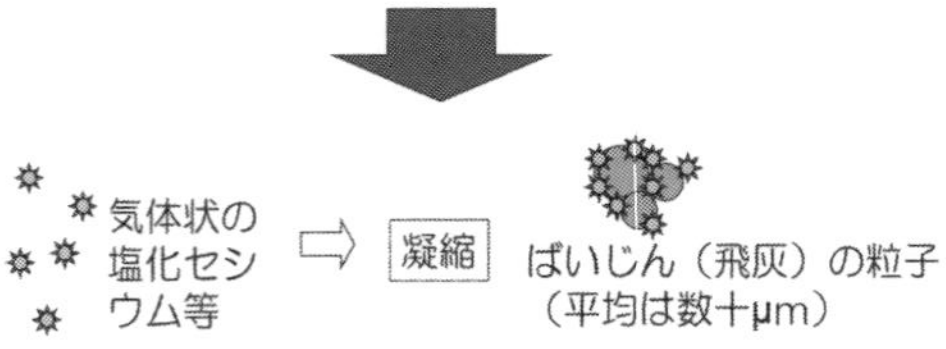


バグフィルター付近の温度は
200℃以下になります

| | |
|---|---|
| 排ガス中の塩化セシウム（CsCl）は、 | |
| 沸点（液体から揮発する温度） | 1300℃ |
| 融点（固体から液体になる温度） | 646℃ |

出所：大迫政浩（国立環境研究所 資源循環・廃棄物研究センター）
『放射能汚染ジョイントセミナー生活環境から放射能汚染を考える』
プレゼンテーション資料、2013年2月18日より
https://www.nies.go.jp/chiiki/houshano-seminar.html

●この凝縮の過程で粒子化したCsClが他の飛灰中物質に付着する。［大迫政浩氏の説明］

出典 :「環境省微小粒子状物質健康影響評価検討会報告書」平成 20 年 4 月。www.env.go.jp/council/former2013/07air/y078-02/mat02-1.pdf

図 4-3　体積分布、表面積分布および粒子数での分布

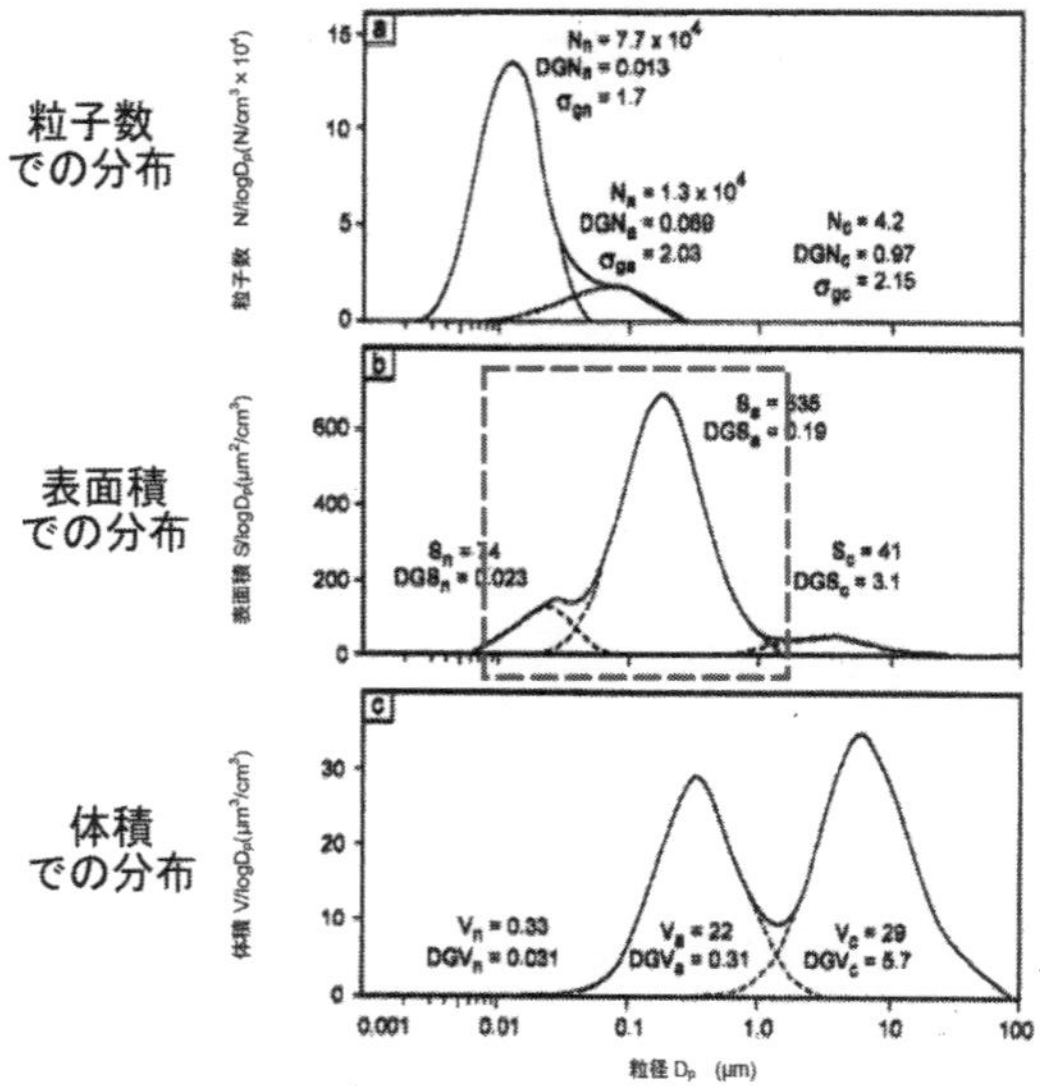


図 7.1.1　粒子状物質の粒子数・表面積濃度・質量（体積）濃度分布(Whitby (1978))

出所：環境省 微小粒子状物質健康影響評価検討会
『微小粒子状物質健康影響評価検討会報告書』
2008年6月
https://www.env.go.jp/air/report/h20-01/mat07.pdf

●粒径別の表面積の分布では粒径0.01～1.0μmの粒子が圧倒的に多い。

●CsClの微粒子が表面に付着していると仮定すると、セシウムの大部分は1μm以下の粒子に付着していることになる。

●環境省・国立環境研究所の実態調査で使われているろ紙は0.3μm以下の粒子は正確には捕捉できない。

1.0μm以下の微小粒子を放出するのは大問題。

環境省のWGとは別に、土木学会を中心とするWGがあった。二〇一五年八月に第一回の会合が開かれている。(注12)ここにも環境省は汚染土壌の再生利用について諮問している。
これらの経緯を見ると、環境省は、早い時点から汚染土壌の再利用や、土木業界による除染・減容・中間貯蔵・資源化の流れを構想していたと考えられる。そのことは被災地域住民に対して早期帰還を誘導し、かつ産業界に除染ビジネスを創出する役目を果たしていると言えよう。

## 7 〈ショック・ドクトリン〉の性格を持つ公共事業

災害発生後の対策は「人間の復興」をめざすのが本筋である。(注13)しかるに政府および産業界は公共事業のチャンスととらえて、企業のビジネス・チャンスに利用している。本稿で見た「除染」と「減容化施設」に、とりわけその実態が明らかである。ナオミ・クラインが概念化した〈ショック・ドクトリン〉(注14)（惨事便乗型資本主義）の典型と言っても過言ではない。この問題は、民主主義の根幹を問うものとしてさらに追及していく必要がある。

注11　日野、前掲書、一〇九頁
注12　日野、前掲書、一二一頁
注13　山下、市村、佐藤『人間なき復興』ちくま文庫、二〇一六年、山下祐介『「復興」が奪う地域の未来』岩波書店、二〇一七年、鳥越晧之『原発災害と地元コミュニティ』東信堂、二〇一八年、ほか
注14　ナオミ・クライン、幾島幸子・村上由見子訳『ショック・ドクトリン』岩波書店、二〇一一年

## 第2節　木質バイオマス発電と森林除染

### 1　被ばく地におけるバイオマス発電計画

第四章第1節で述べたことは、宅地や農地などの生活圏の除染と、その除染土壌の処理を目的とした減容化施設に関する事柄である。これらの延長線上に今後計画されている事業は、汚染土壌の中間貯蔵・資材化などである。

さらに懸念されるのは森林除染を兼ねた木質バイオマス発電である。森林の除染はその対象が膨大であり、放置せざるを得ないであろうというのが一般住民の認識であった。しかるところ、環境省は「環境回復検討会」という有識者一六名からなる委員会を二〇一二年七月に発足させた。同年九月の第七回会合で、「今後の森林除染の在り方に関する当面の整理について」という報告書をまとめた(注1)。なお、同委員会の最新の会合は、二〇一八年三月の第一九回である。

この文書によると、「福島県の関係者よりヒアリングを実施した際に、地域再生の観点から、間伐などの森林施業と放射性物質の影響低減を一体的に実施すべき、周辺住民の安心、安全に繋げるため

注1　環境回復検討会、二〇一二年九月。http://josen.env.go.jp/material/session/pdf/007/mat03.pdf

の森林の除染による森林再生を進めるべき、との意見があった」とし、「住居等近隣の森林の除染を含めた森林除染に伴い発生する枝葉等の有機物を保管する場合、（中略）仮置き場の確保が課題となるため、可能な範囲で早期に焼却して減容化し、仮置き場の必要容量を下げるなどの対応が重要であり、そのためには、焼却炉の設置が必要である。その際、地域の実情に応じ、一定の量と質の有機物を確保できるか等の集材性や一定の採算性が見込める場合には、焼却により発生する熱を発電に利用するバイオマス発電を活用することが考えられる。その際焼却残渣やフィルタの取り扱い、運搬・保管方法等について、周辺環境への影響等を検討することが重要である」と記載している。そして、「バイオマス発電や除染から出たバイオマスの利用の検討が期待される」というのがこの文書の結論である。

現在、田村市大越町において、田村バイオマスエナジー株式会社がバイオマス発電事業の計画を推進中である。しかし、同社は住民に対する説明を怠っており、住民たちは非常に不安を覚えている。具体的な危険性は、除染土壌以上に放射能汚染が高い樹皮（バーク）を燃焼させようとしていること、工場が盆地にありその門前から住宅街が広がっていることである。住民の中には、この工場が稼働を始めたら移住すると言っている人もいる。

## 2　情報開示請求と公開質問状

この計画に危機感を懐いた市民たちが、通常事業者が監督官庁である経済産業省に提出する「環境アセスメント評価書」の開示請求を田村バイオマスエナジー株式会社と田村市長に対して行った。しかし、その回答がなされなかったので、公開質問状を提出した。その要点は次の通りである。

### (1) 環境影響評価資料の開示

住民の合意を得るためには設備の性能を記載した仕様書を開示を求めた。すでに、川内バイオマス発電事業（宮城県）、大月バイオマス発電所（山梨県）や黒崎バイオマス発電所（福岡県）などでは、インターネット上に、環境影響評価準備書（要約書）を開示しているが、同レベルの資料の開示を求めたのである。(注2) とりわけ重要な文書として、定量的な設備仕様を記載した「事業計画の概要」、「排ガス処理設備の仕様」および「排ガスに関する諸元に加えて放射性物質の放出量評価」を求めた。

### (2) HEPAフィルタの追加について

住民が放射能飛散の懸念、不安を表明したところ、田村市と同社はバグフィルタの後段にHEPAフィルタを追加することを表明した。しかし、種々の疑問が生じたので、回答を求めた。以下に要

---

注1　環境回復検討会、二〇一二年九月。http://josen.env.go.jp/material/session/pdf/007/mat03.pdf

注2　仙台バイオマス発電事業。https://www.city.sendai.jp/kankyochose/kurashi/machi/kankyohozen/kurashi/kankyo/ekyo/jore/biomass/houhousyo.html

大月バイオマス発電事業。http://www.pref.yamanashi.jp/taiki-sui/asesu_ootukibiomass_jyunbisyo_youyaku.html

黒崎バイオマス発電施設整備事業。http://www.city.kitakyushu.lg.jp/kankyou/00600249.html

点を記載する。

ア　ＨＥＰＡフィルタが目詰まりするとその都度停止してフィルタ・エレメントを交換する必要がある。つまり、設備を停止するので電源設備としては連続運転が妨げられる。ＨＥＰＡフィルタの設計条件と運転サイクルがどのような設計条件に基づいているのか。

イ　ＨＥＰＡフィルタのユニットの標準容量の最大値は六〇㎥／分である。(注3)

当設備の排ガス量は、われわれにとっては未知であるが、常識的には一〇〇〇㎥／分の規模と推定する。その場合には、ＨＥＰＡフィルタ内部のエレメントは多数個の並列設置となる。ＨＥＰＡフィルタはわずかの隙間も致命的な欠陥になるので、上流側と下流側の密閉を完壁にしなければならない。ハウジングの製作誤差もきわめて厳しくなる。この点についてどのような設計上の配慮をしているのか。

ウ　ＨＥＰＡフィルタは目詰まりに応じて交換を必要とする。微細な放射性物質が付着したフィルタを扱う際にはその微粉が飛散することに対して細心の対策が必要である。当然、交換用の飛散防止建屋や作業足場などが必要である。労働者の被ばく対策もどのように計画されているのか。

エ　ＨＥＰＡフィルタの上流にブロワがあって、フィルタ内が正圧（大気に対してプラス圧）になる。したがって、放射性物質を含んだ排ガスが漏えいする恐れがある。

オ　排ガス中の放射能およびばいじんの測定方法、測定頻度および住民への開示方法を示されたい。とくに放射能は連続的に自動測定して、近くの公共施設で常時オンライン表示をするような方法を取るべきである。

カ　配置図は機器の寸法が表示された図を開示されたい。

## 3　開示されたアセスメント資料

この公開質問状を発信してから約一カ月後の三月五日に経済産業省東北経済産業局から、事業者が同局に提出した「再生可能エネルギー設備認定申請書と添付書類の開示文書が届いた。その文書の技術仕様および図面はすべて〈黒塗り〉されていて、技術内容は一切分からないようにされている（図4-4、図4-5）。

公開質問状の第1項に例示した、仙台、大月、黒崎のバイオマス発電所の同一書式の文書には一切〈黒塗

図 4-4　〈のり弁〉の仕様書の例

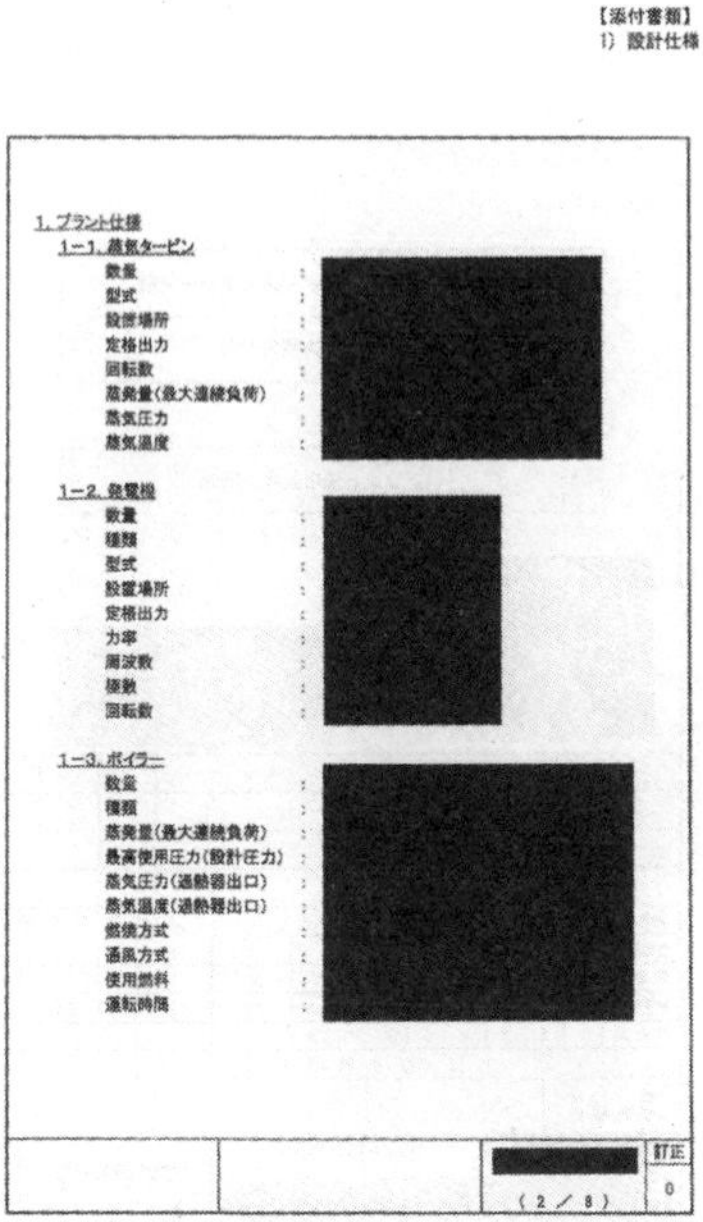
【添付書類】
1) 設計仕様

1. プラント仕様
1−1. 蒸気タービン
数量 :
型式 :
設置場所 :
定格出力 :
回転数 :
蒸発量(最大連続負荷) :
蒸気圧力 :
蒸気温度 :
[redacted]

1−2. 発電機
数量 :
種類 :
型式 :
設置場所 :
定格出力 :
力率 :
周波数 :
極数 :
回転数 :
[redacted]

1−3. ボイラー
数量 :
種類 :
蒸発量(最大連続負荷) :
最高使用圧力(設計圧力) :
蒸気圧力(過熱器出口) :
蒸気温度(過熱器出口) :
燃焼方式 :
通風方式 :
使用燃料 :
運転時間 :
[redacted]

[redacted]
(2／8)
訂正 0

注3　たとえば千代田テクノル「アブソリュートフィルタ（焼却減容型、1AU - 1000）」）。http://isotope.c-technol.co.jp/products/bougoi/bs03-01hepaFilters.html

図 4-5 〈のり弁〉の図面の例

【添付書類】⑤
2）炉・ボイラ組立図(1/2)

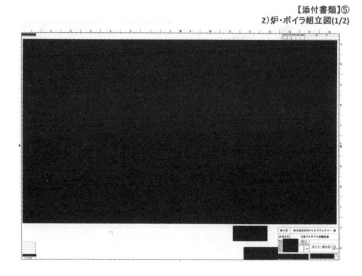

[redacted]

り〉などの秘匿箇所がなく、堂々と開示されている内容をこのようにことごとく隠蔽している意図は何であろうか。この事業が、市民に秘匿しなければならない有害物質飛散施設であることを自ら自白しているようなものである。

## 4 合意抜きの工事進捗

二〇一九年三月末に、筆者らはこの木質バイオマス発電の建設予定地を見に行った。JR磐越東線沿いの道を走って、大越駅に近づくと、「バイオマス発電　絶対反対」と朱書した幟旗が点々と目についた。地元の方がたと連絡を取り、その案内で山のふもとの〈田村バイオマスエナジー〉の発電所建設予定地を見学する。

かつて、住友大阪セメントが操業していた

図 4-6　田村バイオマスエナジー　建設工事サイト

跡地を利用して、新たに株式会社タケエイ（本業は廃棄物処理・リサイクル事業）が木質バイオマス発電を建設する工事をこの年一月に着工したばかりである。竣工は二〇二〇年夏頃としている。(注4) この発電会社の株主は、株式会社タケエイ（八〇％）と田村市（二〇％）であり、資本金は五〇〇〇万円である。発電能力は七一〇〇kW、運転時間は二四時間／日×三三〇日／年の連続運転である。敷地面積は三万六〇〇〇㎡と言っているが、敷地造成や周辺の道路整備は予め田村市の方で手厚く準備したようである。燃料の木材を集積するエリアも含めて広大な敷地が準備されている。

このバイオマス発電所は今までにない大きな問題をはらんでいる。従来除染工事として

注4　「株式会社田村バイオマスエナジー　発電所建設工事開始のお知らせ」㈱タケエイ、二〇一九年一月二四日

図 4-7　田村バイオマスエナジーが提示した外形図

安全安心対策　~詳細説明:HEPAフィルタの設置

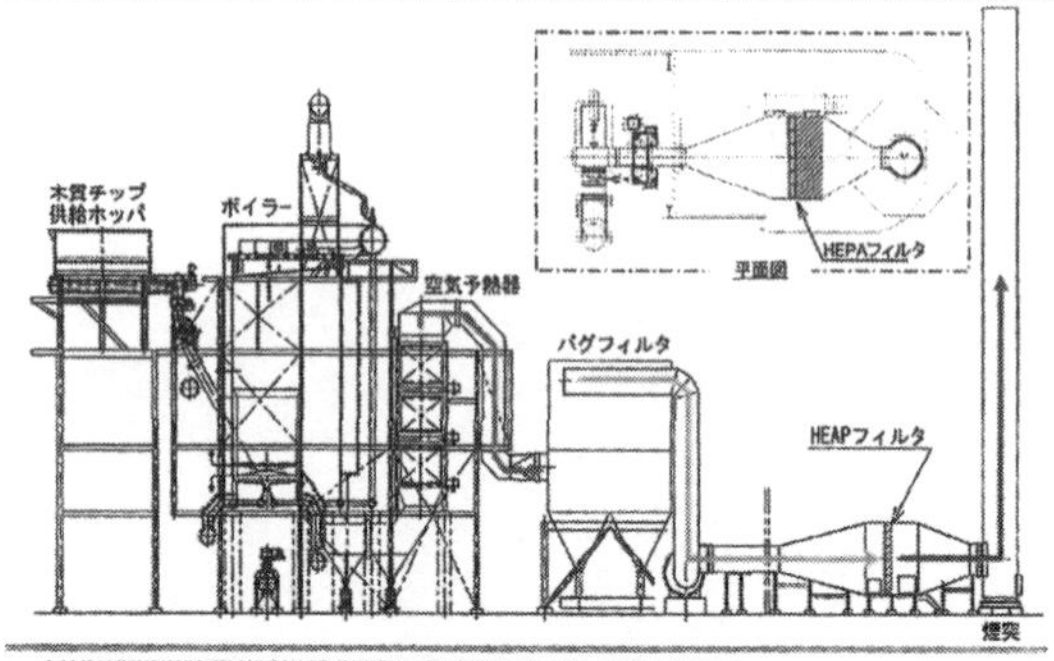




集塵効率の高いバグフィルタ後段に、HEPAフィルタを設置することにより、さらに集塵効率を上昇させ、排ガスを更にクリーンな状態にして大気放出する計画です。

筆者注:「HEAP フィルタ」と記載されているのは「HEPA フィルタ」の誤記。

環境省が作業を行ってきた範囲は、道路・宅地・田畑に限られてきた。そして、森林は試験的な間伐や実証事業に限られてきた[注5]。したがって、組織的な除染という意味では、福島県の面積の七一%(森林率)が対象外であった[注6]。その結果、大部分の面積が放射能汚染のまま残される。森林を将来本格的に利用するためには間伐する必要がある。その間伐材を利用すればバイオマス発電に好適であるが、放射能汚染のない間伐材(木質バイオマス)なら、燃焼して発電するのは許容できる。けれども放射能が付着した間伐材を燃焼しての発電は煙突から放射性物質が付着した微粒子をまき散らすということである。大越町は山間の盆地であり、かつて住友セメントが操業していた時には、朝夕の気温低下の時には逆転層が形成されて、粉じんや悪臭に悩まされてきた。住宅や学校が集中している町の中心から数百メートルしか離れていないところから放射能をまき散らされてはとうてい住めなくなる、というのが住民たちの憂慮である。

住民の反対を受けて市会議員が動いたところ、同社はバグフィルターの下流により細かい粉塵を捕集するＨＥＰＡフィルタを追加すると言ってきた。その資料の提示を求めたところ、図４‐８のような外形図を提示された。ＨＥＰＡフィルタというのはHigh Efficiency Particulate Air Filterのことで、通常はクリーンルームを作る場合などに使用するきわめて目の細かいフィルタである。このフィルタの仕様が当該発電設備に適合しないものであることは、上記第２項の公開質問状に述べたとおりである。この設備全体に放射能を含む粉塵対策についての整合性が認められない。

これらの問題があるにもかかわらず、町の有力者たちは水面下で㈱タケエイと共同出資の契約まで交わしており、市民たちが知った時は、すでに既成事実が積みあがっていたという。八年前の原発事故の後、福島県の市町村は、政府がもたらす復興特別会計という公金の洪水にはまってしまい、平時にはない様々な動きに揺さぶられてきたのであろう。

---

注５　「放射性物質の現状と森林・林業の再生」二〇一八年度版、林野庁。http://www.rinya.maff.go.jp/j/kaihatu/jyosen/houshasei_panfu.html

注６　「都道府県別森林率・人工林率（平成二四年三月三一日現在）」林野庁。http://www.rinya.maff.go.jp/j/keikaku/genkyou/h24/1.html

## 第3節　トリチウム水の海洋放出

### 1　政府の意向と世論調査結果

福島第一原発事故サイトでは、燃料デブリの冷却水と原子炉建屋およびタービン建屋内に流入した地下水が混ざり合って大量の汚染水を発生している。これらは放射性物質除去装置にかけて汚染水タンクに「処理水」として貯蔵しているが、除去できないトリチウムを含んでいる。貯蔵されている「処理水」は過去七年間に総量一〇〇万㎥を超え、(注1)敷地内に一〇〇〇㎥のタンクが林立している。その結果、タンクを増設する用地はあと三年弱でなくなる見込みだという。(注2)そこで、当事者たちは、海洋放出の環境づくりに奔走しだした。

一方この問題は、早い段階から認識されており、政府の「汚染水処理対策委員会」の下に「トリチウム水タスクフォース」が設置され、二〇一六年六月に「トリチウム水タスクフォース報告書」が発表された。(注3)

二〇一七年末に、原子力規制委員会の更田委員長が福島県内の自治体との意見交換会において、処理済み水の海洋放出に科学的問題はないとした上で、東電が年内にも処分方法を決断すべきだとの考えを発信していた。(注4)さらに同委員長は、二〇一八年一月一七日の定例記者会見で、放出判断の先送り

が続く場合、「福島第一の廃炉は暗礁に乗り上げる」と懸念を示した。（注5）
　朝日新聞社と福島放送が、福島県民を対象に、同年二月二四、二五日に電話で世論調査を行った結果、福島第一構内のタンクにためてある「処理水を薄めて海へ流すことへの賛否を聞くと、反対が六七％で、賛成一九％を上回った」。（注6）

## 2　決定責任者は誰か

　もともと、福島第一原発の事故炉の後始末に関する業務方針を決定する責任者は、組織上明快に決定されていない。廃炉・汚染水対策関係閣僚等会議、原子力損害賠償・廃炉等支援機構、原子力規制委員会などが東京電力福島第一廃炉推進カンパニーに指示と経済的支援を行うような組織構成になっ

---

注1　二〇一七年五月時点で一〇四万㎥。「トリチウム」『別冊 TWO SCENE』原子力資料情報室、二〇一七年夏号
注2　「汚染処理水　迫る決断の時」『日本経済新聞』二〇一八年二月二三日
注3　「トリチウム水タスクフォース報告書」二〇一六年六月。http://www.meti.go.jp/earthquake/nuclear/osensuitaisaku/committee/tritium_tusk/pdf/160603_01.pdf
解説版は「トリチウム水タスクフォース報告書について」二〇一六年一一月一一日など。http://www.meti.go.jp/earthquake/nuclear/osensuitaisaku/committee/takakusyu/pdf/001_03_00.pdf
注4　「放出など処理水対策を　東電に対応促す」『電気新聞』二〇一八年一月一六日
注5　「福島第一処理水放出の判断必要」『電気新聞』二〇一八年一月一八日
注6　「処理水の海洋放出反対六七％賛成一九％」『朝日新聞』二〇一八年三月三日

ているが、屋上屋を重ねるようでわかりにくい。(注7)

案の定、二〇一七年七月には、東電の川村隆会長と原子力規制委員会の田中俊一前委員長との間に大人気ない鞘当てのような口論が報じられた。(注8)報道各社とのインタビューで川村会長は、トリチウムを含む処理水の海洋放出について、「判断はもうしている」「(科学的に問題ないとする)田中委員長と同じだ」と述べた。それに対して田中氏が自身の名前を口実に使われたと川村氏を批判し「私を口実にして、原発事故を起こした当事者として(判断から)逃げるのはおかしい。はらわたが煮えくりかえる」と話した。

しかし、両者ともアドバルーンのような発言はするが、決定責任は回避するという意図を表明している。納税者の立場からすれば、責任者を明示することを要求したい。それがなければ、そもそも真面目な議論の場が形成されない。

東京電力福島第一廃炉推進カンパニーの最高責任者の増田尚宏ＣＤＯが二〇一八年三月に、日本経済新聞社のインタビューに応えて、「トリチウムに害がないことは共通認識になってきた。(処分方法について)地元との対話を始めたい」と話したことが報じられている。(注9)「増田氏は『(海洋放出は)一つの選択肢』とした上で『政府の決定に沿って、我々が責任を持って実現させる』と改めて強調した」とのことである。この記事の書きぶりからすると、方針決定責任者は政府だと認識しているようである。

二〇一七年夏に東電の川村会長と田中前委員長が、相互に相手が決定するべきだと論じていたのを、二〇一八年に入ってからも増田ＣＤＯと更田委員長の間で繰り返している。

## 3　毒性に関する諸論

トリチウム水の海洋放出で問題となるのは生態系への濃縮とそれを飲食した場合の一般市民への内部被ばくである。しかしながら、以下の理由によって、現時点で利用可能なデータがほとんどないのが現状である。

・疫学調査では、対象者が他の核種を同時に摂取していることが多く、トリチウム単独の影響を調べるのが難しい。

・代替手段としてマウス等の動物を用いた実験が行われてきたが、そのほとんどが高線量被ばくによる研究である。(注10)

・トリチウムについては、生体影響の程度を明確に説明するデータはない。

毒性の検証が困難なために、政府は高濃度で海洋放出しても問題がないとし、内部被ばくを懸念す

注7　『原発ゼロ社会への道２０１７』九七頁
筒井哲郎「〝国が前面に出て〟遅らせる：汚染水処理に立ちはだかる乱立組織」『科学』Vol.八三、No.一一（二〇一三）一二〇三頁
注8　「東電会長『汚染水、海洋放出の判断している』」『日本経済新聞』二〇一七年七月一九日、ほか
注9　「処理水放出『地元と対話』」『日本経済新聞』二〇一八年三月五日
注10　馬田敏幸・笹谷めぐみ・立花章「トリチウムの生体影響評価」Journal of Plasma and Fusion Research. Vol.88, No.3 March 2012

る市民側は低濃度でも危険と主張している。以下に両方の代表的な見解をひとつづつ紹介する。海洋放出の際の告示濃度は六万Bq／Ｌであり、政府や事業者は当然この条件で希釈放出することを前提にしている。

厚生労働省[注11]の見解は次の通りである。

・海水中に水として存在することから、人体や魚介類等の生物に摂取されても速やかに排出され、蓄積はないとされています。
・トリチウムの生体に与える影響は、食品中の放射性物質の基準として設定されている放射性セシウムより極めて小さく約一、〇〇〇分の一となります。
・これまで東京電力福島第一発電所周辺海域で行われている海水の測定結果を見る限り、市場に流通している水産物について、トリチウムの影響を懸念する必要はありません。

原子力資料情報室の上澤千尋氏[注12]の見解は次の通りである。

体内摂取による内部被ばくが懸念される。トリチウム水として人体に取り込まれた場合、その一部が細胞核の中まで入り込んで、ＤＮＡ（遺伝子）を構成する水素と置きかわる可能性がある。その場合には、「トリチウムが放出する、エネルギーが低くて飛ぶ距離が短いベータ線が遺伝子を傷つけるのに非常に効果的に作用し、ガンマ線よりも危険性が高いとみるべきではないか」と指摘する研究もある。有機トリチウムとしてふるまう場合にはもっと重大だと考えられている。トリチウムが有機化合物の中に入った形になると、人体にも吸収されやすく、細胞核の中にも入り込みやすくなり、長期間にわたりとどまると考えられる。

飲料水の放射性物質に関する基準値は日本では見当たらない。しかし、規定していないために結果として排出基準の六万Bq／Lが飲料水の基準になっているという指摘がある。(注13) 世界的には規制機関によって大きな幅があり、ＷＨＯは一万Bq／L、カナダは七〇〇〇Bq／L（Ontario Drinking Water Advisory Council の勧告は二〇Bq／L）(注14)、アメリカ合衆国は七四〇Bq／L、ＥＵは一〇〇Bq／Lとなっている。

## 4　国内外における取り扱いの事例(注15)

上記のように、定説が得られておらず、各国は下記のように慎重な姿勢を取っている。

---

注11　「よくある質問」厚生労働省ホームページ
注12　上澤千尋「福島第一原発のトリチウム汚染水」『科学』Vol.八三、No.五（二〇一三）、五〇五頁
注13　澤井正子「福島第一原子力発電所の現状」『労働者住民医療』二〇一八年二月号、一一頁
注14　“Report and Advice on the Ontario Drinking Water Quality Standard for Tritium”, May 21, 2009
注15　前掲「トリチウム水タスクフォース報告書」六頁

### (1) スリーマイル島原発事故の事例

スリーマイル島原発事故においては、約二四・三兆Bqのトリチウム（約八七〇〇㎥）を大気中への水蒸気放出によって処分した。

### (2) フランスにおける事例

ラ・アーグ再処理工場におけるトリチウムの年間放出量は、液体で約一・二京Bq、気体で約七〇兆Bqである。

国内で有機物のトリチウムを評価する必要性が指摘されたため、フランスのASN（原子力安全局）は、二〇一〇年に「トリチウム白書」と呼ばれる報告書を作成した。その後も事業者は定期的にレポートを作成・報告している。

### (3) イギリスにおける事例

カラム核融合エネルギーセンターに設置された重水素とトリチウムを燃料とするEUの核融合実験炉（JET）では、高濃度のトリチウムを含む冷却水等から、電気分解、深冷分離等によりトリチウムを回収する施設を構築している。

## 5　トリチウム水の取り扱いに係る選択肢と評価

### (1)　トリチウム水タスクフォース報告書

前記の「タスクフォース報告書」は、大別して次の五種類の処分方法を挙げ、それぞれの概念設計と概算見積を記載している。もっとも厳しい条件は、原水濃度四二〇万Bq／L、処分速度四〇〇㎥／日、原水量八〇万㎥である（一〇〇万㎥の場合と比較するときはおおむね二五％増しで評価する）。

—地層注入：（希釈後注入ケース）

注入のみの費用は注入井の調査個所を二〇カ所程度とすると約六二〇〇億円であるが、長期モニタリングコストが不明（新規開発が必要）

—海洋放出：（希釈後海洋放出ケース）

約三四億円

—水蒸気放出：（前処理なし水蒸気放出）

約三四九億円

—水素放出：（前処理なし水素放出）

約一〇〇〇億円

—地下埋設：（前処理なし深地地下埋設）

約二五三三億円

## (2) 日本経済研究センターの報告書

公益社団法人日本経済研究センターは、「事故処理費用は五〇兆～七〇兆円になる恐れ」という報告書を発表した。(注16)

この報告書の中で、トリチウム水の処理費用について、二つの試算を提示している。

―貯留分のトリチウム水を単価二〇〇〇万円／m³で処理するとして、二〇兆円。仕様は記載なし。

―すべて海洋放出した場合、作業費用は小さいので計上せず、四〇年分の風評被害の補償費を三〇〇〇億円計上する。補償額の計算は、一五〇〇人の福島漁連関係者に年間一〇〇〇万円から始まり四〇年目にはゼロとなるという前提で試算したもの。

## (3) 原子力市民委員会の報告書

原子力市民委員会は、特別レポート1「一〇〇年以上隔離保管後の『後始末』」(改訂版二〇一七)を発行した。(注17)

そこで提案したことは、現在有害性に関して諸説ある中で海洋放出を強行するのではなく、十分な検証を尽くすまで恒久的なタンクの中に保管することである。

具体的には、現在国家石油備蓄基地で使用している一〇万トン級の大型タンクを一〇基用意するとして、その中に一二三年間保管すれば、トリチウムの放射線量は一〇〇〇分の一に減衰することが見込まれる（半減期が一二・三年であるのでその一〇サイクル分）。そのような保管を行って十分に減衰するのを待つことを提案した。二〇年に一度程度の開放点検を行うために、一基余分に建設するとして、建設単価を約三〇億円／基とすれば一一基では約三三〇億円となり、凍土壁のコスト三四五億円と大差ない金額となる。なお、タンクの事故に備えて周囲に防液堤を設けるなどの設計仕様は、すでに国家備蓄基地において実績ある手法が適用できる。放射線減衰割合をさらに必要とする場合は、寿命が来た時にさらに同様仕様の保管タンクを設ければ、新たに一〇〇〇分の一のオーダーの放射線減衰が期待できる。

ア　タンク内トリチウムの累積量

では、現在の保管中のトリチウムの総量が一二三年保管後に、福島第一原発の正常運転時のトリチウム放出量と比べてどの程度の比率になるかを検討してみよう。

二〇一六年三月二四日現在のタンク貯留水に含まれるトリチウムの累積量は約七六〇兆Bqである。(注18)これが、一〇〇〇分の一になると、約七六〇〇億Bqとなる。現在の貯蓄量の数値七六〇兆Bqは中間的な数値であって、最終的な対象量を考えれば一〇〇〇兆Bq程度と考えなければならな

注16　「エネルギー・環境選択の未来・番外編　福島第一原発事故の国民負担」二〇一七年三月七日。同センターは、二〇一九年三月七日に改訂版「事故処理費用、四〇年間に三五兆―八〇兆円に」を発表した。そこでも、トリチウム水処理費の単価は同じ金額を採用している。
注17　二〇一七年一一月一一日発行。七頁
注18　前掲「トリチウム水タスクフォース報告書」五頁

図 4-8　石油備蓄基地のタンク群

出典:JOGMEC「国家備蓄タンク」

図 4-9　石油備蓄タンクの寸法例

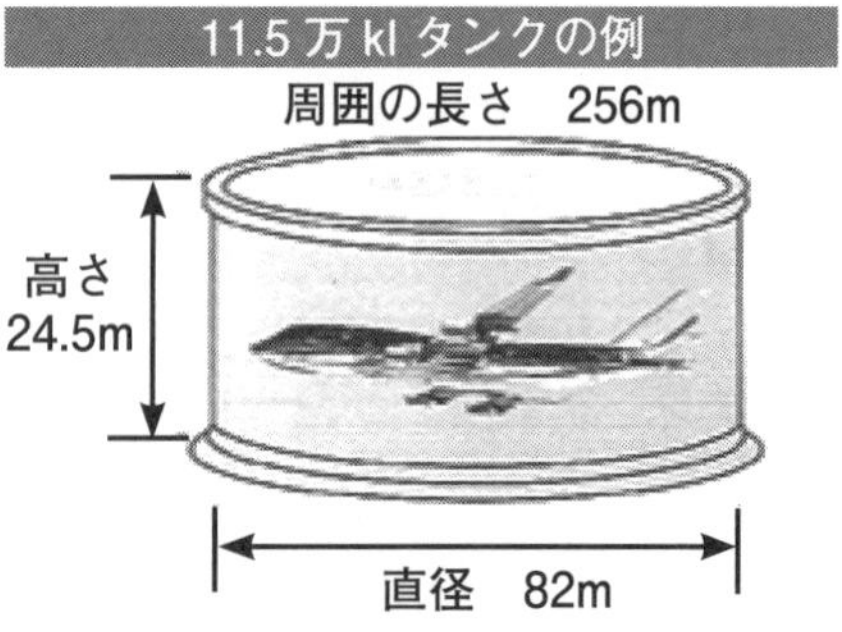


出典:JOGMEC「国家備蓄タンク」

い。意見陳述の中には、事故前の福島第一原発の保安規定では年間二二兆Bqを放出量の限度とする総量規制があり、今直ちに開始したとしても、数十年を要することになり、すぐに現状の一〇〇〇㎥タンクが撤去できるわけではない、という重要な指摘もあった。(注19)

イ　事故発生以前の年間海洋放出量(注20)

事故発生以前の二〇〇二～二〇〇九年度の期間に同原発1～6号機（全機）から放出された年

図4-10　トリチウム水タンク平面配置検討図

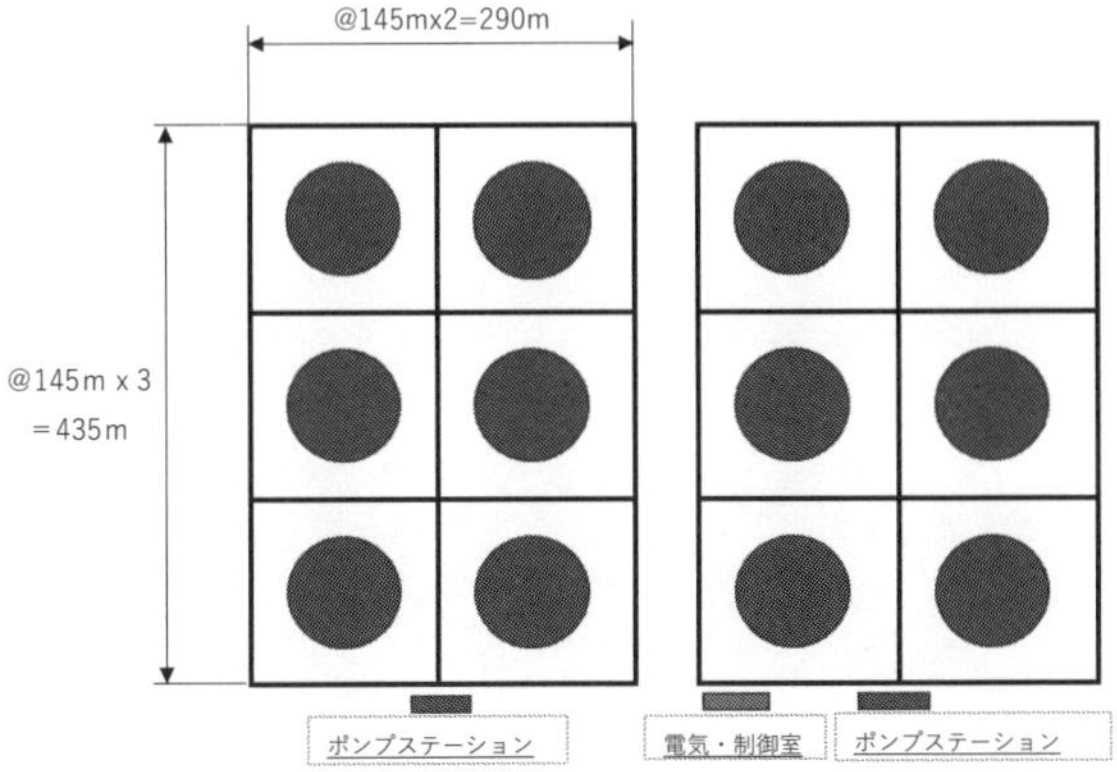


間海洋放出量（実績）は、〇・七八兆～二・六兆Bqで、年間平均値は一・五兆Bqである。この結果から、一二三年後のトリチウム量は約一兆Bqで、二〇〇二～二〇〇九年度の期間における海洋放出量の年間平均値（二・五兆Bq）を下回ることが期待できる。

ウ　タンクの配置検討図

図4‐10に筆者らが考える大型タンクの配置検討図を提示する。

タンクの寸法は、石油備蓄タンクとして現在運用中の一一・五万KLタンクの寸法を参考にした（図4‐9）。その上で、配置は合計一二基のタンクを六基ずつ二区画に配置するものとして堰の外壁寸法を求めた。堰は

注19　二〇一八年八月の公聴会における原子力市民委員会事務局長・細川弘明氏の意見表明による。

注20　「原子力施設運転管理年報」平成二四年版、原子力安全基盤機構、六〇八頁。http://www.inaco.co.jp/isaac/shiryo/pdf/genpatu/jnes_24.pdf

高さ約五ｍで、万一タンクが破損した場合に内容物のトリチウム水を全量収容できる容積とした。その結果、六基の配置外形寸法は、二九〇ｍ×四三五ｍを得た。付属設備としてポンプステーションおよび電気・制御室を設ける。

これらのタンクの建設敷地としては、図4‐11に示す福島第一原発の全体配置図の中で、五・六号機用とされていた部分の北側に追加された敷地の中の「新土捨場（予定）」「廃棄物貯蔵施設・減容施設（予定）」と記載されている部分を再調整するのが現実的と考えられる。もし、構内に場所を見いだせない場合は、近隣の中間貯蔵施設予定地の一角を利用することも検討対象としてよいのではないだろうか。

なお、現在「トリチウム水」といわれているものは、一応他の核種の放射能を除去する水処理設備を通過しているが、一〇〇％除去できていないことが分かっている。そういう問題も避けられないとすれば、この手法を用いて他の核種についても減衰を期することは無駄ではない。

この案の他に参考となる実施例として、アメリカの原子力研究施設サバンナ・リバー研究所の核廃棄物汚染水の最終処分方法がある。大型のコンクリート製タンクを半地下でつくり、その中に汚染水でモルタルを作って投入し、固化した状態で半永久的に保管するという方法である。この場合は、水での保管よりは安定性があるが、その敷地に半永久的に残留するという条件を容認しなければならない。（注21）

図 4-11　現在の福島第一原発敷地と大型タンク建設地の提案（土捨場、新土捨場など）

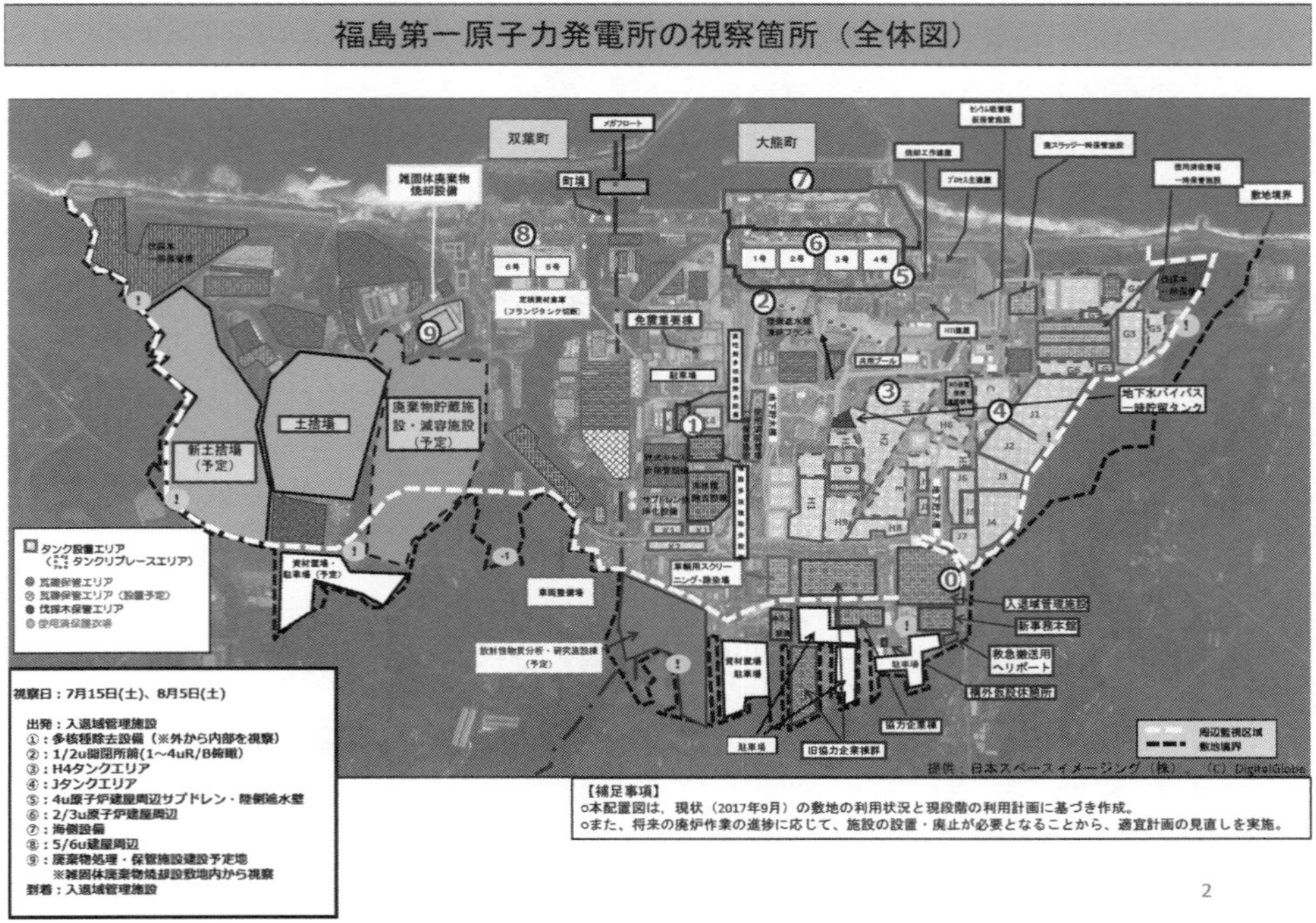


出典：「福島第一原子力発電所視察のまとめ」多核種除去設備等処理水の取り扱いに関する小委員会事務局、2017 年 10 月 23 日
http://www.meti.go.jp/earthquake/nuclear/osensuitaisaku/committtee/takakusyu/pdf/006_03_00.pdf

## 6 「風評被害」を侮るな

### (1) トリチウム汚染水の海洋放出

経産省と東電はもとより、原子力規制委員会までもが、福島第一原発敷地に蓄積されている処理水の海洋放出を強く主張し、それに反対する意見を無知な大衆の「風評被害」を恐れる根拠のない妄言であるかのように言っている。

トリチウムが自然環境に放出されて生物体内に取り込まれても単なる水分子として生物体内に入った場合の有害性の有無はなかなか実証的データを示して論証することがむずかしい。有害か無害かが容易に実証できないということは、福島原発事故後の放射能被ばく被害に関して様々な局面で議論が平行線をたどるという問題を生じている。そのことは、福島県の県民健康調査において、二〇〇名を超える未成年者の甲状腺がん患者が発見されているが、県の委員会の医師たちは福島第一原発からの放射能の影響を否定し、多くの専門家たちの意見と対立している(注22)のと同じである。

### (2) 風評利益

「風評被害」が非合理的現象だという人に対しては、「風評利益」というべき現象があることを認識してもらわなければならない。世に「ブランド」と言われるものがあり、実質は無印良品と同じ品質であっても、人々はブランドのロゴがついた商品に何倍ものカネを払う。つまり、ブランドは「風評利益」である。(注23) ブランドのレベルには至らなくても、日ごろ人々は自分のイメージを少しでも良くするために身だしなみを調える。政府の官僚や政府の審議会の委員などを務める学者たちは、そのステータスそのものによって風評利益を享受している。その人たちに「風評被害」を心配する漁民たちを「非科学的で蒙昧なものたち」と切り捨てる権利はない。

### (3)　トリチウム水に係る巨大な「風評被害」の可能性

トリチウム水を現時点で海洋放出することによる本当の「風評被害」は単に福島の海産物が売れなくなるといった商品流通の阻害に留まらず、韓国、中国、台湾といった近隣諸国の漁民が、自分たちの海に日本からのトリチウムが流れてきて漁業被害が発生したと憂慮した場合である。それによって損害賠償を請求してくる可能性は高く、その金額は、何兆円・何十兆円規模にのぼる。さらに、アジアだけではなくてアメリカやカナダなどもクレームを申し立てる可能性がある。したがって、もうしばらく（おそらく数十年間）保管を続けるということだけでも意味のあることだと識者は述べている。(注24)

注21　Liquid Waste System Plan, An Integrated System at the Savannah River Site, SRR-LWP-2009-0001, Rev.21, January 2019, p.36 https://www.srs.gov/general/pubs/srr-lw-systemplan.pdf　渋谷進「米国の原位置廃止措置（ＩＳＤ）の教訓」『ＲＡＮＤＥＣニュース』原子力バックエンドデンター、二〇一五年二月、第99号、一五～一八頁

注22　たとえば「特集　小児甲状腺がんとＵＮＳＣＥＡＲ」『科学』二〇一八年九月号

注23　津田大介・小嶋裕一『原発の教科書』新曜社、二〇一七年、二四七頁

実際海洋放出はロンドン条約一九九六年議定書の放射性廃棄物を含む汚染物質による海洋汚染防止の規定に違反しているから当然も言える(注25)。

理屈のない「風評被害」だと決めつけて、一方的な論理を押し付けるのではなく、社会的に受容可能な政策を柔軟に使いこなして、摩擦を避ける知恵を発揮することが今もっとも必要だと考えられる。

注24　関谷直也「トリチウム汚染水問題の課題」日本災害復興学会　福島復興研究会での発表、二〇一八年七月二八日

注25　「一九七二年の廃棄物その他のものの投棄による海洋汚染の防止に関する条約の一九九六年の議定書」について（略称：ロンドン条約一九九六年議定書）　外務省　https://www.mofa.go.jp/mofaj/gaiko/treaty/treaty166_5_gai.html

# 第五章　原発運用の組織と人間

# 第1節　原子力規制と人格的信頼

## 1　原子力規制委員会の初代委員長と委員長代理

二〇一二年九月に原子力規制委員会が発足した。委員長には長らく日本原子力研究開発機構（JAEA）に勤務していた田中俊一氏が就任した。委員長代理には、地震予知連絡会会長職を後任に託して新設の規制委員会の委員となった地震学者の島崎邦彦氏が就任した。同氏は、委員に就任した理由を次のように語っていた。

かつては原子力に関心を持たず不勉強だった。どこに原発があるかも知らず「日本海溝沿いに津波地震が起きる」と、地震調査研究推進本部の部会長として長期評価をまとめていた。評価の発表には圧力がかかり（原子力規制に深く関与していた）高名な地震学者二人から批判も受けた。二人と原子力の関係も知らなかった。

もう少し社会の仕組みに注意を払っていたら、津波で二万人近い犠牲者を出す前に、声を上げていたに違いないと思う。（長期評価が反映されなかった）中央防災会議で、席を立ってやめると、声を大にすべき時だったのに、負け犬になってしっぽを巻いてそのまま黙ってしまった。

（震災後、政府から委員就任を打診され）二年やって自分が死んでも後悔しない。やってやろう。これが結論だった。(注1)

同氏はまた、日本原電敦賀原発の直下に活断層があると判断した後、原電から激しい抗議を受けた。それに対して、「名指しの批判、ありがとうございました」とあいさつし、「かなり重要な決定になったので、社会的理解を得られるように丁寧に手順を踏まないといけない」と語った。

同氏は二〇一四年九月に二年の任期を終えて退任したが、原子力規制委員会発足直後、市民からの信望を担う精神的支柱の役割を果たしたと言って過言ではないであろう。

もう一人の立役者は田中俊一委員長である。同氏はしばしば、「基準の適合性は見ていますけれども、安全だということは私は申し上げません」といってきた。これに対して、「無責任だ」という声と、「正直だ」という声の両方があった。

原子力規制委員会は、次の「組織理念」を掲げている。

原子力規制委員会は、（中略）我が国の原子力規制組織に対する国内外の信頼回復を図り、国民の安全を最優先に、原子力の安全管理を立て直し、真の安全文化を確立すべく、設置された。

原子力にかかわる者はすべからく高い倫理観を持ち、常に世界最高水準の安全をめざさなければ

注1　「規制委・島崎邦彦氏が退任　『自然の声聞いた』『審査、厳し過ぎではない』」東京新聞二〇一四年九月一九日

ならない。
我々は、これを自覚し、たゆまず努力することを誓う。(注2)
ここに記載されている言葉は平板な法令や規則の条文ではない。委員会に所属する個人の内面を規定する「倫理」「志向」「自覚」「努力」である。これらの精神の働きは、個人の内面以外にはありえない。この理念実現の回路は、委員長自らが個人の精神をかけて努力をし、それを市民が支持して高貴な働きを負託するという相互信頼抜きには実現不可能なものである。

## 2 科学で一意的な回答を得られない問題

原発のような、いったん過酷な事故が発生したら、国土の半ばが居住不能になるという大規模災害が発生する装置を稼働させてもよいかどうか。その規模は、津波であれば一〇〇〇年に一度、火山の巨大噴火であれば七〇〇〇年に一度といった低頻度のものであって、一般市民はほとんど知識がなく、専門家であってもその規模は倍半分といった程度にしか予測できないばらつきがある。たとえ原発の再稼働を否定しないとしても、再稼働を許容するには、関係する広い範囲の市民たちと熟議を重ねて同意を得るという社会的手続きを経ることによって意思決定をするほか道はない。これは「トランス・サイエンスの問題」である。(注3)
田中俊一前委員長は規制基準によって、一意的なハードルを示したが、現在の規制基準が本当に社会的合意を得られるのか、確率的自然災害のリスクに対して最善なのかは、実のところ未知なのである。

それでも、社会としては現に存在する原発プラントを稼働させて良いか否かの判断をしなければならない。その使命を託する「専門家」は、高い見識と誠実な人格の持ち主でなければ、そもそも市民社会の信頼を受けることはできない。

そういう観点で現在の原子力規制委員を見ると、とりわけ二〇一四年九月に島崎邦彦委員の後任として任命された田中知委員は原子力村の中心にいた人で、二〇〇四年度から二〇一一年度までの八年間に原子力事業者や関連団体から七六〇万円を超える寄付金や報酬を受け取ったことが明らかにされている。(注4) また、田中俊一委員長の退任に伴って就任した山中伸介大阪大学副学長も「原子力ムラ」の一員であって、就任前の記者会見で「四〇年ルールは短期にすぎる」と発言し、田中委員長が慌ててルールを見直す意思のないことを表明するという一幕があった。(注5) このような人員構成で再出発した原子力規制委員会は、広範な市民の輿望を担って業務を推進するという理想から、さらに一歩遠ざかったと言わなければならない。

---

注2　「原子力規制委員会の組織理念」原子力規制委員会、二〇一三年一月九日。http://www.nsr.go.jp/nra/gaiyou/idea.html
注3　小林傳司『トランス・サイエンスの問題―科学技術と社会をつなぐ―』NTT出版、二〇〇七年
注4　新藤宗幸『原子力規制委員会―独立・中立という幻想―』岩波新書、二〇一七年、六七頁
注5　新藤宗幸、前掲書、六九頁

## 3　水蒸気爆発に関する曖昧な判断

更田豊志委員長はもともと日本原子力研究開発機構で長年勤務し、二〇一二年二月には、同機構の安全研究センター副センター長として「事故の教訓と安全研究の方向性」という研究発表を行っている。その発表資料には水蒸気爆発についても触れており、(注6)また規制審査においても水蒸気爆発の可能性を質している。しかしながら、川内原発の規制審査会合では、九州電力の判断に任せており、専門家としての独自の判断を表明していない。(注7)

官僚の仕事は匿名で行われていて、責任主体が曖昧であることの弊害が多く噴出している。とりわけ、人の生命にかかわる原子力規制の仕事を職業的使命感抜きに遂行することは許されない。専門家の人格的責任主体と市民の合意のもとに、整合性ある業務遂行がなされることを望む。

---

注6　第七回東海フォーラム　パワーポイント資料、シート一四および一五
注7　井野博満・滝谷紘一「不確実さに満ちた過酷事故対策」『科学』Vol.八四、No.三（二〇一四）、三三七頁

## 第2節　安全対策における「リソース有限論」

### 1　原発被災者訴訟における「相対的安全論」と「リソース有限論」

福島県の高線量地域から他県に避難してきた被災者たちに対して自己責任とでもいうかのごとく、政府と東電の賠償はきわめて少額である。被災者たちは、各県の地方裁判所に損害賠償請求訴訟を提訴している。その裁判のために、受け入れ地元の弁護士たちが支援弁護団を結成して裁判実務を担当している。東電および政府の事故責任を認めるか否かの争点は津波の予見可能性と、予見可能とした場合に津波対策が災害発生時までに果たして完成できたかという工期の二点である。その議論のテーマは技術的な内容なので、ボランティアの技術専門家たちが意見書を書いている。筆者もその一員として数カ所の被災者支援弁護団の手伝いをしている。

福島原発事故前には、政府および原発事業者は、「原発は絶対安全だ」といわゆる「安全神話」を喧伝していた。事故が起こってからは「この世に人間が作った設備で絶対安全なものはありえない。だから、事故は不可抗力であり、その設備を建設・運用した事業者・規制当局に落ち度はない」という「相対的安全論」を主張するようになった。

東北地方の歴史には周期的な津波の襲来があったことが一九九〇年代から少しずつ明らかになり、

その周期を考えればかなりの確度で原発事故につながる津波の襲来があることが予見されるようになった。具体的には二〇〇二年ころから国の審議会などで明らかになった。それに基づいて、どこにどの程度の津波対策をすれば良かったのか、というテーマが重要な争点になった。われわれは、予備電源設備の高所設置、建物の水密化、防潮堤などの対策を取っていれば過酷事故は防げたと主張している。それに対して、これらの裁判の過程で、被告（政府・東電）側証人は「リソース有限論」を唱えている。これは「相対的安全論」をさらに切り詰めたものである。

被告側証人として岡本孝司氏はその「意見書(1)」において、次のように述べている。(注1)

「工学において安全対策を考える場合には、一つの事項に集中した安全対策を施した場合、施設全体としての安全性が低下するという可能性もありますし、人的資源の問題や時間的な問題として、緊急性の低いリスクに対する対策に注力した結果、緊急性の高いリスクに対する対策が後手に回るといった危険性もある（後略）」

同じく被告側証人として山口彰氏はその「意見書」において、次のように述べている。(注2)

「原子力工学の分野において、この安全対策をどのように行うのかについてですが、まず前提として理解しておかなければならないのは不確かさや知識の不完全さがあること、安全対策を施すにしてもリソースが有限であるということです。

原子力の安全対策というのは一般的に電気事業者が行うべきものですが、事業者である以上、経済的合理性を無視した安全対策を行うことはできませんし、規則を行う行政も無限の対策を講じるように指示することもできません。また、規則そのものも有限のリソースしか用いることができません。

そのため、原子力工学分野では、ゼロリスクは求めない一方で、不当なリスクがあってはならないということをめざした安全対策を行っていくことになります」

この記述から、両氏が、原発プラントの実体に通暁している専門家として、原発による電力単価が火力発電設備などの電力単価と競合関係にあって、そのことのゆえに原発が開発初期から理想状態よりはコンパクトに設計されていること、安全対策においても理想的な状態を満たすに足るフリーハンドを持っているわけではないことを知悉していることが窺える。

## 2　安全対策を行ったら市場では生きていけない

上記の議論は抽象的で、「ではどこまで安全対策をするのが適切か？」という問題に対する回答が示されていない。

福島第一原発の津波対策として、一五・七mの津波襲来が予想された時に、海抜一〇m（一〇m盤の上に一〇mの防潮堤）を設置した場合には五〇〇億円の出費が予想されるので、武藤副社長を含む経営陣がその対策を先送りしたと言われている。五〇〇億円は果たして払えない金額なのか？　現在、日本各地の原発で再稼働をめざすものは、それぞれ二〇〇〇億円前後の安全対策費を投入している。加えて、「特定重大事故対応設備」（いわゆる「テロ対策設備」）にはさらに二〇〇〇億円程度の工事費が

注1　平成二八年九月一二日付、七頁。この意見書は、各地の裁判所における訴訟に共通して提出されている。
注2　平成二八年九月二九日付、二一〜三頁。この意見書も各地の裁判所に提出されている。

必要である

福島原発事故以降に新設する世界の原発の設計は大幅に安全対策を強化し、一〇〇万kW級の原発の建設費が、かつては五〇〇〇億円といわれていたものが、その約三倍になっている（例：アレバが建設中のフランスのフラマンビル原発、日立がイギリスで計画中のウィルヴァB原発の予想コスト）。被告側証人たちは、具体的にどのくらいの金額が投入可能なリソースだというのだろうか？

政府や学界が対外的に高尚な安全論議を展開したとしても、原発事業者が実際に設備計画予算を決定する段階に局面が移ると、途端に安全対策が縮小してしまうことは見やすい道理である。それに同調して経済的な限界を理由に安全対策を省略するのが当然だという人々が、日本の原発を主導する代表的な学者たちであることを、われわれはよく認識しておかなければならない。

# 第3節　法廷での証人尋問

## 1　出廷の経緯

福島原発事故に際して、緊急避難を余儀なくさせられた方々が一六万人を超えていた。前節で記したように生活基盤やコミュニティを喪失した人びとの様態はさまざまであるが、状況が似た方々がそれぞれ集団で損害賠償請求訴訟を行っており、その件数は三〇件を超える（表5‐1）。筆者は五件の被災者訴訟の弁護団の手伝いのために、後藤政志氏と連名で意見書を提出している。意見書の内容は、津波襲来がその事故の五年前までに十分予見できたこと、そして、津波による電源喪失のリスクに備える対策は二年九カ月程度の期間でできるので、実施すれば十分間に合った、ということを立証するものである。

この度、田村市都路地区の被災者の方々が東京地方裁判所に提訴された訴訟の法廷で、証人尋問を受けるために二度出廷した。一度目は二〇一八年一一月一九日午前で、筆者が小一時間、後藤氏が一時間余り、原告側弁護団（つまり味方の側）の尋問を受け、意見書の背景や内容の敷衍《ふえん》を口頭説明した。証人は、何も資料を持たずに記憶で話さなければならないというルールなので、そのことだけでも発言に間違いがないかと緊張を強いられた。技術者が仕様や数値を関連書類を見ないで話すことはほと

表 5-1　全国原発被害者訴訟一覧表　　2019.4.10（1/2）

| No. | 訴訟名 | 原告 | 被告 | 提訴日 | 係属裁判所 | 判決日 | ﾎｰﾑﾍﾟｰｼﾞ名称等 |
|---|---|---|---|---|---|---|---|
| 1 | 福島原発訴訟原告団（第1次）（河合弘之、海渡雄一弁護士ら） | 1,324名（原告団団長＝武藤類子） | 国、東電 | 2012年6月11日 | 福島地検 | | 福島原発告訴団 |
| | 「福島原発刑事訴訟」（第2次） | 13,262名 | 国、東電 | 2012年11月15日 | 東京地裁 | | 福島原発刑事訴訟支援団 |
| 2 | 北海道集団訴訟 | 79世帯262名 | 国、東電 | 2013年6月21日 | 札幌地裁 | | |
| 3 | 山形原発損害賠償請求訴訟 | 202世帯745名 | 国、東電 | 2013年7月23日 | 山形地裁 | | 原発被害救済山形弁護団 |
| 4 | みやぎ原発損害賠償 | 32世帯79名 | 国、東電 | 2014年3月11日 | 仙台地裁 | | みやぎ原発損害賠償弁護団 |
| 5 | 新潟原発損害賠償訴訟 | 354名（当初）239世帯807名 | 国、東電 | 2013年7月23日 | 新潟地裁 | | 新潟合同法律事務所 |
| 6 | 群馬訴訟　　第一陣 | 31世帯94名 | 国、東電 | 2013年9月11日 | 東京高裁 | | 原子力損害賠償群馬弁護団 |
| | 第二陣、三陣併せて | 45世帯137名 | | | | | |
| 7 | 福島原発避難者訴訟（第1次）「生活再建、再出発に必要な賠償を!」 | 早川篤雄ほか19世帯40名 | 東電 | 2012年12月3日 | 福島地裁いわき支部 | 2018年3月22日 | 福島原発被害弁護団 |
| | （第2次） | 國分富夫ほか64世帯180名 | 東電 | 2013年7月17日 | 福島地裁いわき支部 | | 福島原発被害弁護団 |
| 8 | 南相馬原発損害賠償訴訟 | 151世帯476人 | 国、東電 | 2012年12月3日 | 福島地裁いわき支部 | | 福島原発被害弁護団 |
| 9 | 元の生活を返せいわき市民訴訟 | 682世帯1,574名 代表：伊藤達也 | 国、東電 | 2013年3月11日 | 福島地裁いわき支部 | 2018年3月22日 | 福島原発被害弁護団（通称：浜通り弁護団） |
| 10 | 「ふるさとを取り戻せ!」小高区民集団訴訟 | 148世帯472名 | 国、東電 | 2015年10月8日 | 福島地裁相馬支部 | | 原発被災者弁護団 |
| 11 | ふるさと返せ!　津島原発訴訟（第1次） | 38世帯148名 | 国、東電 | 2015年9月29日 | 福島地裁郡山支部 | | 津島原発訴訟弁護団 |
| | （1次4次提訴併せて） | 192世帯570名 | | | | | |
| 12 | 都路町訴訟 第1次&第2次 | 184世帯582名 代表：今泉信行 | 国、東電 | 2015年2月9日 | 福島地裁郡山支部 | | 田村市都路地区原発被災者弁護団 |
| 13 | 「生業を返せ、地域を返せ」福島原発訴訟原告団 | 18世帯40名 | 国、東電 | 2013年3月11日 | 福島地裁 | 2017年10月10日 | 生業訴訟原告団・弁護団 |
| | （第一陣） | 3865名（第4次提訴） | | | 仙台高裁 | | |
| | （第二陣） | 295名 原告団長：中島孝 | | 2016年12月12日 | 福島地裁 | | |
| 14 | 福島原発さいたま訴訟（第1次） | 6世帯16名 | 国、東電 | 2014年3月10日 | さいたま地裁 | | 福島原発埼玉訴訟を支援する会 |
| | （第1次、2次提訴併せて） | 20世帯88名 | | | | | |
| 15 | 南相馬・避難20ﾐﾘｼｰﾍﾞﾙﾄ撤回 | 47世帯151名 | 国、東電 | 2015年4月17日 | 東京地裁 | | 南相馬・避難20ﾐﾘｼｰﾍﾞﾙﾄ基準撤回訴訟支援の会 |
| | 基準撤回訴訟 | 206世帯808名 | | | | | |
| 16 | 福島原発被害東京訴訟 | 90世帯282名 原告団長：鴨下裕也 | 国、東電 | 2013年3月11日 | 東京地裁 | 2018年3月16日 | 福島原発被害首都圏弁護団 |
| 17 | 阿武隈会訴訟　第1次～第4次 | 30世帯60人 代表：佐野強 | 国、東電 | 2014年3月10日 | 東京地裁 | | |

## 全国原発被害者訴訟一覧表 (2/2)

| No. | 訴訟名 | 原告 | 被告 | 提訴日 | 係属裁判所 | 判決日 | ﾎｰﾑﾍﾟｰｼﾞ名称等 |
|---|---|---|---|---|---|---|---|
| 18 | 〝小高に生きる!〟原発被害弁護団 | 原告：344名 | 国、東電 | 2014年12月19日 | 東京地裁 | 2018年2月7日 | |
| 19 | 東電株主代表訴訟（第1次） | 東電株主42名 | 東電 | 2012年3月5日 | 東京地裁 | | 東京電力株主代表訴訟 |
| | （1次2次提訴併せて） | 4,128名 | | | | | |
| 20 | 井戸川裁判（福島被ばく訴訟） | | 国、東電 | 2015年5月20日 | 東京地裁 | | 井戸川裁判（福島-被ばく訴訟）を支える会 |
| 21 | 原発メーカー訴訟（第1次） | 国内1058名 海外32カ国357名 | 日立、東芝、GE | 2014年1月30日 | 東京地裁 | | 原発メーカー訴訟原告団・弁護団 |
| | （第2次） | 国内387名 海外2326名 | 日立、東芝、GE | 2016年7月27日 | 東京高裁 | 2017年7月13日 訴訟却下 | |
| 22 | 福島原発被ばく労災訴訟（あらかぶさん裁判） | | 東電、九電 | 2016年11月22日 | 東京地裁 | | 福島原発被ばく労災損害賠償 |
| 23 | 福島原発かながわ訴訟原告団 | 61世帯174名 原告団長：村田弘 | 国、東電 | 2013年9月11日 | 横浜地裁 | 2019年2月20日 勝訴 | 『ふくかな通信』 |
| 24 | 千葉原発訴訟（第1陣） | 18世帯46名 | 国、東電 | 2013年3月11日 | 千葉地裁 | 2017年9月22日 | 原発被害救済千葉県弁護団 |
| | 控訴審 | 13世帯32名 | | | 東京高裁 | | |
| | （第2陣） | 6世帯20名 | 国、東電 | 2015年6月8日 | 千葉地裁 | 2019年3月14日 敗訴 | |
| 25 | 愛知・岐阜訴訟 | 43世帯135名（1次～3次提訴） | 国、東電 | 2013年6月24日 | 名古屋地裁 | | 福島原発事故損害賠償愛知弁護団 |
| 26 | 原発賠償京都訴訟原告団 | | 国、東電 | 2013年9月17日 | 京都地裁 | 2018年3月15日 | 原発賠償訴訟・京都原告団を支援する会 |
| | （1次2次提訴併せて） | 57世帯174名 | | | 大阪高裁 | | |
| 27 | 原発賠償関西訴訟原告団 | 27世帯80名 | 国、東電 | 2013年9月17日 | 大阪地裁 | | 原発賠償関西訴訟-KANSAIサポーターズ |
| | （第4次提訴：2016年3月3日） | 併せて88世帯243名 | | | | | |
| 28 | 原発事故ひょうご訴訟（第1次～第3次提訴） | 34世帯92名 | 国、東電 | 2013年9月30日 | 神戸地裁 | | 原発賠償ひょうご訴訟原告団 |
| 29 | 福島原発おかやま訴訟 | 39世帯103名 | 国、東電 | 2014年3月10日 | 岡山地裁 | | 岡山原発被災者支援弁護団“ほっと岡山” |
| 30 | 福島原発ひろしま訴訟 | 11世帯28名（1次） | 国、東電 | 2014年9月10日 | 広島地裁 | | |
| | | 約10名が2次提訴予定 | | | | | |
| 31 | 福島第一原発事故・損害賠償愛媛訴訟 | 10世帯25名 | 国、東電 | 2014年3月10日 | 松山地裁 | 2019年3月26日 | 福島原発事故避難者裁判を支える会 |
| 32 | 福島原発事故被害救済九州訴訟 | 18世帯54名 | 国、東電 | 2014年9月9日 | 福岡地裁 | | 福島原発事故被害救済九州弁護団 |
| 33 | 山形避難用住宅追い出し訴訟（退去と家賃支払い請求） | 高齢・障害・求職者雇用促進機構 | 8世帯住人8名 | 2017年10月28日 | 山形地裁 | | |

まとめ：福間幸夫氏

んど経験がないからである。

法廷内の設定は、ニュース番組でも時々スケッチで示されるように、証人が法廷の中心に座り、前方のひな壇の上に裁判長・右陪席・左陪席の三名の裁判官が着席し、右側に被告側（東京電力および国）の弁護士たちが一〇名余り、左側に原告側（被災者住民）の弁護士たちが一〇名余り着席している。後方には木柵があり、およそ一〇〇名ばかりが着席可能な傍聴席がある。この日も傍聴席は原告の人たちでほぼ満たされていた。この日は、原告側弁護士の尋問なので、ほぼ問題なく終えることができた。

## 2　反対尋問における質疑

次いで二〇一九年一月二八日、午後一時半から五時半までの間、同様の出席者を配して、被告側弁護士たちによる〈反対尋問〉を受けた。初めに筆者が二時間強、後藤氏がその後に二時間弱の尋問を受けた。証人尋問の本来の主旨は、曖昧なところや説明不足の所を問いただして理路の理解を深めるためのものであるはずだが、実質的には、証人の専門性における信頼性がないこと、意見書に記載した内容が不適当であることを裁判官に印象づけようという意図のもとに、不意を突く質問を矢継ぎ早に繰り出すという論法で行われた。その代表的な議論において、筆者が述べた主旨を簡単にご紹介する（実際の言葉のやり取りは錯綜しているので、分かりやすいように整理・簡略化する）。

## (1) 証人の専門性について

筆者は大学で機械工学を学び、石油プラントや製鉄プラントの設計・建設の業務に従事してきたものであり、原子力工学を専門的に学んだわけではない。しかし、当面問題になっている議論の対象は、津波被水によってプラントの電源設備が機能喪失した場合にその代替機能を果たせる設備、つまり核燃料の崩壊熱冷却装置を駆動させる予備電源を予め設けるという設備上の議論なので、その部分については知見および実務経験がある。

というのは、プラントは原発でも石油プラントでも、九〇％は共通の技術で構成されており、筆者は、イラクの砂漠の中で一から建設した製油所のプロジェクトにおいてユーティリティ設備やオフサイト設備のエンジニアリング・マネージャとして、すべての仕様書や図面を精査して承認サインをし、技術上の責任を負う立場で働いた。そのユーティリティ設備の一環として自家発電設備があって、プラントの電源設備の設計および建設管理の、少なくとも計画を立案するに必要な程度の知見はあると考えている。(注1)

プラントの中で原発に特異な部分といえば、原子炉内の核反応によって高密度の発熱を行わせる点であり、その熱によって発生する水蒸気をタービンに送って発電機を回転させる技術は、先行して確立された火力発電所の技術がそのまま取り入れられているから、少なくとも考え方は共通である。

注1　拙著『戦時下イラクの日本人技術者』三省堂、一九八五年

### (2) 証人らが提唱する対策案が、詳細まで詰めておらず、実現性がないという意見

被告側弁護士の質問は、意見書に提示した津波対策案の基本設計について、通常の建設業務においては発注後に施工会社が行う範囲の詳細設計の内容を事細かに問い質す点が少なくなかった。「詳細設計の強度計算をしていないではないか」といった類の指摘である。それらの業務は、既設設備の図面や土質調査資料をもとに、決められた手順で寸法を決め、強度計算して、一方向の標準的な手順に沿って進めておけばよい。対策案を提示するのは基本設計を行って、それが実現可能な条件がそろっていれば十分である。もちろん、既設図面や強度計算資料などは、開示されていないからわれわれの側には利用できない。問題は、津波の際に被水を防ぐ手段が、実績のない高度に困難な設計・施工を要するものか否かという点である。海に囲まれたこの国には防潮堤や水門は無数にあり、複雑なプラントの電気・計装工事も十分な経験がある。技術レベルから言えばきわめて初歩的な当該工事が不可能だという理屈はあり得ない。

### (3) 津波襲来の予見可能性について

津波襲来の可能性の認識は一九九〇年代にじょじょに高まり、二〇〇二年の地震調査研究推進本部（地震本部）の調査で、敷地を超える高い津波の襲来が予想された。二〇〇六年には保安院とＪＮＥＳが合同で溢水勉強会を立ち上げ、大きな津波が来襲して、今度の地震で起きたような電源喪失の可能性をかなり正確に予想し、保安院は各原発にバックチェックを指示した。（注2）したがって、この時点で対

策の実行を決断しておれば十分の時間的余裕があった。

### (4)　その他の質問

そのほか、原発設備の変更手続には、年単位の時間がかかることを知らないのかとか、技術的にはどのプラントでもよく行っている基礎の地盤補強工事や、斜面の補強工事などについて、このプラントの個別の場所について事細かなことを聞いて、無知を印象付けようとするかのような質問が少なくなかった。当事者の目から見ると、あまり建設的な議論とは思えなかった。

注2　添田孝史『原発と大津波　警告を葬った人々』岩波新書、二〇一四年、九五頁

# 第4節　職業人の専門性と社会的使命

前節で触れた訴訟において、われわれが提出した意見書に対して、被告国側は、原発の電源設備や被水対策を考えるのは原子力工学者の領分であって、原発の設計経験のない技術者にその内容が分かるわけがないという認識を示し、それを裁判官にアピールしていた。筆者らの意見はその逆で、多くの分野が関わらなければ解決しないプラントの問題を狭い原子力工学者のみに委ねることは不適切であり、そのような認識が当然とされている日本社会の縦割り分断構造は不健全であると考えている。

## 1　原発は多数の分野の知見を総合したプラントである

### (1)　プラント建設における専門分担

当面の訴訟の争点となっている「防潮堤・建物の水密化・非常用ディーゼル発電機と電源盤などの設備」は、土木工学、建築工学、船舶工学などの構造系諸学科の技術者や機械工学、電気工学などのプラント設計に係る技術者の分野であって、原子力工学の専門家にとっては、中心テーマではない。タービン発電機及びそれを収納するタービン建屋は火力発電所の建設とともに蓄積されてきた技術でつくられており、その歴史は原子力発電所のそれより半世紀先行して蓄積されたものである。それに、原子炉の部分だけがボイラを代替するものとして、新たに付け加わったに過ぎない。したがって、原子力発電所を建設するには、原子力工学者ではない従来の、敷地や基礎を作る土木工学者、建物や構造物を作る建築・構造工学者、タービンや機器・配管を作る機械工学者、電気設備やケーブル設備を作る電気工学者、計器システムを作る計装工学者、そのほか保温・塗装を設計建設する設備技術者が必要である。そして最後に、原子炉内の反応を制御するシステムを設計する原子力工学者が新しい分野として二〇世紀半ばに加わったわけである。

現在、津波被害を防止する目的で、防潮堤・建物の水密化・非常用ディーゼル発電機と電源盤などという設備の建設を検討する専門家は誰かといえば、防潮堤の設計は土木工学者であり、施工者は俗に「ゼネコン」と呼ばれる建設会社である。建物の水密化には大物搬入口の扉やタービン建屋の壁面の補強と水密化工事が必要であるが、それには建築工学や船舶工学を専門とする技術者が設計・製作し、施工はゼネコンやエンジニアリング会社が当たることになる。そして非常用ディーゼル発電機や燃料タンクの高所設置には機械工学者が設計して機器据付工事業者が施工し、電源盤設置とその配線工事は電気工学者が設計して電気工事業者が施工し、制御システムの配線工事には計装技術者が設計して計装工事業者が施工することになる。つまり、津波対策には原子力工学者は、脇役として協力することはあっても、主役として采配を振う立場ではない。むしろ、一般のプラント建設に長けたエンジニアリング会社での経験者が管理責任者として適任である。

### (2) 原子力工学者の対象

では、原子力工学の専門分野とはどういうものだろうか。オーム社が「原子力教科書」というシリーズを発行しているので、その教科書の書名を見てみよう。

ア　高速炉システム設計　二〇一四年
イ　放射線安全学　二〇一三年
ウ　原子炉物理学　二〇一二年
エ　放射線利用　二〇一一年
オ　放射性廃棄物の工学　二〇一一年
カ　原子炉設計　二〇一〇年
キ　放射線遮蔽　二〇一〇年
ク　原子力保全工学　二〇一〇年
ケ　ヒューマンファクター概論　二〇〇九年
コ　原子力熱流動工学　二〇〇九年
サ　原子力プラント工学　二〇〇九年
シ　原子炉動特性とプラント制御　二〇〇八年
ス　原子炉構造工学　二〇〇九年

これらの書名が示すのは、原子力工学者の担当分野は、原子炉物理学、原子炉動特性、原子炉内の熱流動力学、プラント制御等、炉心、原子炉の構造、原子炉の運転、付随する放射線に対する人体の安全問題などである。原子炉建屋やタービン建屋など、原子力発電所サイトへ襲ってくる津波に対抗する問題は、原子力工学の問題ではなく、土木工学・建築工学・機械工学・電気工学等による設計と施工という、経験的な技術構築物の処理に負うところが大きい。したがって、原子力工学者が専門性を盾にして、あたかも対津波防護の専門家であるかのようにふるまうことは的外れである。

## 2　技術者の組織依存

福島原発事故後の後始末作業における技術上の中心課題は、汚染水問題および燃料デブリ取出し（もしくは長期保管）問題である。さらに現在はトリチウムや放射性核種を多量に含む汚染水を海洋放出しても良いかどうかが社会的課題になっている。汚染水問題は初期には地下水の流動と防壁とデブリ冷却方法の問題であった。これらは、従来の原子力工学が対象としてきた核反応の制御とは違う問題であり、産業界全体が国民的課題として総力を結集して適材適所の組織を形成すべき課題であった。いわば、アメリカが第二次世界大戦中に「マンハッタン計画《プロジェクト》」という、まったく新しい組織を構築して、優秀な人材を集めて新しい課題に取り組んだのと同様のシチュエーションにあったと考える。

しかし、政府も産業界も問題を矮小化して、従来の東電という発電プラント運転会社を延命させて、そこに管理責任を一元化して事故処理を託した。その結果、新しい人材の参入はほとんどなく、事故サイトの後始末という不規則かつ未知の分野の技術に取り組む体制は貧弱なものにとどまった。業務発注形態も東電から約四〇社を元請として直接契約しているために、本来工事管理が専門ではない東電職員が多岐に渡る業務の統括責任を負っている。しかし、第三章第3節のトリチウム水処理方針の不決定の事例で見たように、東電自体も方針決定の主体となっていない。不定形の新しい業務に立ち向かう必要性があるからこそ、強力な組織が必要なのに、かえって責任主体不在の弱体組織が場当たり的に目先の問題を追いかけている。そして事故後八年を経過した今、ますます弱体組織の弊害が露わになって来ている。東電と鹿島建設との合弁で政府の入札を落札する形で建設した凍土壁が、合格か不合格かが判然としない形で使用開始に至った経緯が、その姑息な体制の欠陥の証左である。政府と東電が策定した「中長期ロードマップ」(注1)も小刻みの予定延長を繰り返すだけで、次第に実情と計画との乖離が目立つようになって来つつある。

事故直後に、筆者は産業界がこの事態を国家の一大事と認識して、多少とも知見のある企業に声をかけて、それぞれの会社のエース級人材を出して事故処理に協力するという国家プロジェクトを形成することを期待した。しかし、それはお人よしの思い込みであったようだ。けれども、かつて南極観測船宗谷を送り出すときには、産業界の各種企業が観測機器や移動車両や耐寒居住棟や保存食など、それぞれの得意分野の技術や資材を提供してオールニッポンのプロジェクトとして応援したというエピソードがある。一九五六年という戦後の未だ貧しい時期には経済界もその種のボランティア精神を持っていたのであろう。けれども、衣食足りてみな冷淡になったようである。

筆者は、二〇一三年のＩＲＩＤ（国際廃炉研究開発機構：福島の事故処理の技術研究を行っている機関）の技術募集には積極的に提案を行ってきた。また、現在は原子力市民委員会の報告書として公表している『一〇〇年以上隔離保管後の後始末』は、東電へ持参して意見交換する目的で作成したもので、実際三回にわたって東電に提出して意見交換を申し入れたが、実質的な応答は得られなかった。

社会的に新しい科学技術問題が発生した場合には、アメリカではＵＣＳ（Union of Concerned Scientists 憂慮する科学者同盟）が取り組み、発言する。科学者・技術者は、単なる職能として専門性を所属組織の経済活動に生かすだけではなく、医師・弁護士・会計士などと同様に社会的使命を負っているという自負があるように思われる。アメリカでは、州ごとにProfessional engineer の資格試験があり登録制度がある。つまり、その資格がなければ一定以上の仕事の責任を負うことができない（日本でも建築士は資格がある）。

後発資本主義の国・日本では明治政府がお雇い外国人を招聘して様々な近代システムを運用する専門家を養成したが、工学士も国立大学で大量に養成した。一例として、東京大学では工学部の学生数がもっとも多く、全体の約三分の一を占めるが、イギリスやアメリカでは基本的には工学系の学部は総合大学に含まれてはいなかった（カルフォルニア大学バークレー校は一九世紀半ばに州立の工業大学と合併した）。

日本の工学士は、卒業後企業に属し、企業内の On-the-job training で一人前になったという意識が強い。これは終身雇用制で、職能が生活を支える雇用組織と一体化しているからである。欧米では転

注１　政府の「中長期ロードマップ」に対する代案を、筆者を含めたメンバーが原子力市民委員会で作成して公表している。『一〇〇年以上の隔離保管後の後始末』二〇一四年、二〇一七年改訂。この中に汚染水を大型タンクに一〇〇年以上保管することも提言している。http://www.ccnejapan.com/?p=7900

職が珍しくなく、職能は自力で研鑽蓄積していくという意識を否応なく持つようになる。そのことは、自己を社会的基盤に位置づけることを強いられ、それが使命感を育成する背景になると思われる。

われわれが『一〇〇年以上隔離保管後の後始末』という提言書を発行したとき、同様の提言書があちこちから百家争鳴のように続出すると思っていた。ところが、ほとんど同種のものは見当たらなかった。もちろん、われわれも現場のデータを持っていない状態で完全な設計案を作ることはできない。そのことは承知のうえで、政府―東電の現行案に代案を提供した方が親切であり、社会全体として建設的な貢献をしたいと考えた。むしろ、サラリーマンの三分の一が製造業に勤めていて、様々な分野の専門家がいる日本の工業界から、同様の問題意識に触発された提言書が続出しなかったことの方を不審に思っている。

原子力工学の学者が、われわれプラントの専門家が津波対策というほとんど原子力工学とは関係のないテーマに口出しをしたと言って門前払いをしようとしていること、また他国と比べて優秀な技術者に恵まれてるこの社会において、福島の事故現場の後始末という国家的課題に、各種専門家が知恵を提供しようという動きに乏しいこと、このような状態が、この国の病巣を示しているように思われる。

## 第5節 専門家の自縄自縛

### 1 被害者訴訟における行政官の軍団

引き続き被災者訴訟に際して感じたことを述べさせていただきたい。

千葉県へ避難してきた被災者の方々は、千葉地方裁判所に集団訴訟を提訴した。その判決は二〇一七年九月二二日に下され、国の責任を認めなかった。原告団は、東京高等裁判所へ控訴し、現在控訴審が進行中である。後藤政志氏と筆者は引き続き連名で意見書を提出し、津波予見可能性と被害対策可能性について述べた。その意見書を証拠書類として、原告代理人の弁護団が原告側の主張を「準備書面」の形でまとめて裁判所に提出した。

この控訴審における原告側「準備書面」に署名している訴訟代理弁護士は四名だけであるが、被告国側の「控訴答弁書」に署名している被控訴代理人は弁護士一名、政府の法務省訟務局民事訟務課員九名、東京法務局訟務部員一五名、原子力規制委員会原子力規制庁四二名、経済産業省資源エネルギー庁一四名、合計九三名が名を連ねている。気の毒な被災者たちを押さえつけるために、津波対策を行わなかったことに責任はないと主張する仕事に行政官庁が大部隊を動員している姿は、果たして誰のための政府だろうかと考えさせられるものである。

加害者の東電には一〇兆円単位の資金を融通している一方、放射線被ばくを避けるために心ならずも住み慣れた故郷を離れて他県へ避難している被災者たちの、総額一〇億円単位の賠償請求を拒否するためにこれほどのマンパワーを投入して賠償を拒否する行政機関というのは、力の入れ場所と税金の使い道を誤っているのではないだろうか。東電救済に始まる加害者への肩入れと、原発事故被災者への冷遇や抑圧は、公平を失する金権政治の見本のように見える。

## 2　津波高さの想定

この控訴審に際して、被告である国が提出した「控訴答弁書」の中に、事故前の不完全な想定に固執し、常識的に考えられることを否定して、われわれの意見を「素人の後知恵だ」と論難している点がいくつもある。専門家の意見であると強調しながら、広く行われている一般技術者の常識を逸脱した議論を展開している。あまりに奇妙なので、その一端をご紹介したい。

二〇〇八年四月に、東電の子会社である東電設計が、東電の注文に基づいて行った津波予測の計算結果の予測図を東電に提出した。その予測図は図5-1の通りで、津波予測高さはOP＋一五・七mであり、敷地の南北の位置に高く押し寄せ（赤い部分。本書ではモノクロの上と下の黒い部分）、中央は沖合に防潮堤があるから原子炉建屋が建っている地盤のOP＋一〇m以下（青い部分。本書ではモノクロの真ん中の黒い部分）であるというものである。

国側は「予測図が沖合防潮堤のない南北だけにおいて敷地高さを超えることを示しているのだから、

表 5-2　これまでに出た集団訴訟の判決（2019 年 3 月現在）

| 判決日 | 係属裁判所 | 責任 | | 賠償対象（人） | 原告数 | 賠償金（万円） |
|---|---|---|---|---|---|---|
| | | 国 | 東電 | | | |
| 2017 年 3 月 17 日 | 前橋地裁 | ○ | ○ | 62 | 137 | 3800 |
| 9 月 22 日 | 千葉地裁 | × | ○ | 42 | 66 | 3 億 7500 |
| 10 月 10 日 | 福島地裁 | ○ | ○ | 2907 | 約 3800 | 4 億 9700 |
| 2018 年 2 月 7 日 | 東京地裁 | − | ○ | 318 | 321 | 10 億 9700 |
| 3 月 15 日 | 京都地裁 | ○ | ○ | 110 | 174 | 1 億 1000 |
| 3 月 16 日 | 東京地裁 | ○ | ○ | 42 | 382 | 6000 |
| 3 月 22 日 | 福島地裁いわき支部 | − | ○ | 213 | 216 | 6 億 1200 |
| 2019 年 2 月 20 日 | 横浜地裁 | ○ | ○ | 152 | 175 | 4 億 1900 |
| 3 月 14 日 | 千葉地裁 | × | ○ | 9 | 19 | 500 |
| 3 月 26 日 | 松山地裁 | ○ | ○ | 23 | 25 | 2700 |

注：−印は被告に含めず（○：認める　×：認めず）
出典：「福島第一原発事故から 8 年　被災者への賠償の今」『東京新聞』2019 年 3 月 27 日。https://genpatsu.tokyo-np.co.jp/page/detail/99

防潮堤を作ったとしても南北の限られた部分だけになる。したがって、シミュレーションを得て対策しても、実際に被災した1～4号機の部分の欠けた防潮堤しか作らないのだから、事故は防げなかった」と主張している。

それに対してわれわれは、「そのような津波予想が得られたのなら、敷地前面北から南にわたって全面一様にＯＰ＋二〇ｍの防潮堤を建てるべきであった」と主張している。なぜなら、津波は水面全体がテーブル状に持ち上がって押し寄せてくる。仮に先端の波の高さがシミュレーション通りの高低差を示しているとしても、先端が岸壁や陸上の障壁に突き当たって跳ね返れば、その後方はテーブル状に一様な高さに均されて、高低差のないテーブル状の水面が形成されるからである。したがって、「南北の両端だけに防潮堤を設ければよい」という発想にはならない。初めてこの図を見たときからわれわれはそう思い、後から後から押し寄せる津波の水面の高さが何ｍもの高低差を保っているわけがないと考えていた。しかし、国側の「控訴答弁書」には、「岡本孝司証人らの専門家が両端のみの防潮堤になるはずだから、この予測図を見て防潮堤を作っても実際の津波には無効であった」と主張している。この問答は他県の被災者裁判でも繰り返されたが、二〇一七年六月一二日の東電刑事裁判の法廷で、国側証人の今村文彦氏（津波専門家）が、「防潮堤は全面に一様高さで建設しなければ意味がない」と、証人席で自ら図示して説明したので、ようやく常識的な結論に落ち着くことができた。

## 3　水密化

防潮堤はそれなりの一貫した構築物であるが、もっと簡便に津波を防ぐ方法として建物の水密化を行って、取り急ぎタービン建屋の中に水が入らないように、また、電気室への内部ドアや貫通部を水密化して、電気室内の電源盤や非常用ディーゼル発電機が被水しないようにすることが有効であった、とわれわれは主張した。それに対して、「当該電気品室の出入り口に設置した水密扉は、その波力に十分耐えられる水密性を保持していなければならないところ、地下空間における津波の挙動解析手法は現時点でも確立していない以上、その波力を適切に評価できる算定式も存在しないことから、そのような津波波力に耐えられる水密扉を設備することは技術的にも極めて困難であった」と述べている。

われわれの見解は、実用上の工学的判断ができればよく、この種の問題は造船分野では経験的に十分な知見が蓄積されているというものである。船舶に付属する扉の水密化も十分な実績がある

図 5-1　東電設計が 2008 年 4 月の報告書に記載した津波高さ予測図
図の左方向が北側を示す。

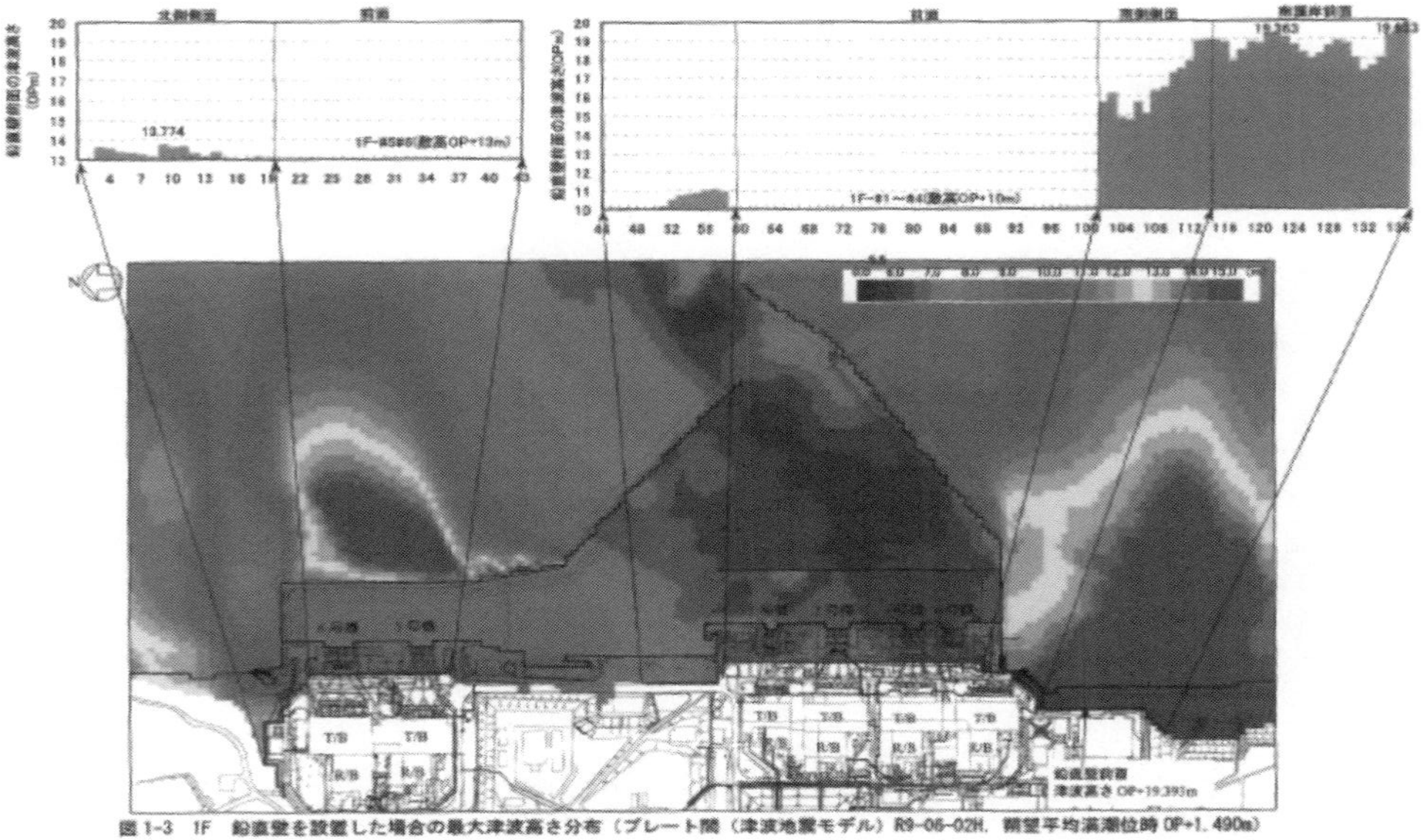


出典：海渡雄一『東電刑事裁判で明らかになったこと』彩流社、2018 年、84 頁。着色された図は、https://shien-don.org/20190312-kaido/

し、大きな扉の水密化については造船所のドックや港湾の水門についてもそれぞれの業界で実績がある。「控訴答弁書」の記述は、学者たちが産業界の実用的な実績に合わせて考えようというのではなく、自力で理論解析して問題を解かなければならないという前提を勝手に建てて、「難しいから解けない」といっているに過ぎない。

失敗学を提唱し、政府事故調委員長を務めた畑村洋太郎氏も企業経験のある実際家で、その著書『福島原発で何が起こったか――政府事故調技術解説書』(注1)において、「あり得た現実的な対応策（設備面）」のひとつとして「建屋の水密化」を取り上げ、以下のように述べている。

建物の水密化によるコストはそれほど大きいわけではなく、電源盤が設置されているタービン建屋を水密化しておけば全電源喪失を防げたはずである。もし、建屋全体が難しい場合でも、重要設備が設置されている部屋だけでも水密化すべきであり、そのコストはさらに低くなるはずである。

非常用発電機など重要設備が設置されている建物や部屋の水密化については、前項で示したように海外では多くのプラントで実施されている（例：アメリカ・ブラウンズフェリー原発、スイス・ミューーレンベルク原発）。さらに水没時の空気取り入れようのシュノーケルまで装備してあるプラントまである（アメリカ・ディアブロキャニオン原発）。

これらの意見は、われわれも含めて現場を知る多くの技術者の常識であり、改めて論じるのも面はゆいような「社会通念」である。原子力の専門家は、輸入学問に基づく理論ばかりにこだわって、海外からの教科書に書いてないことを自分の頭で（あるいは現場経験から）学ぶことをしていないように見える。「理論で解析されていないから」と身構えて、勝手に自縄自縛に陥っているように見える。

注1　淵上正朗、笠原直人と共著。日刊工業新聞社、二〇一二年、一三四頁

# 第六章　敗戦処理業務のガバナンス

# 第1節　もんじゅの廃炉

## 1　会計検査院の報告書

会計検査院は、二〇一八年五月に「高速増殖炉もんじゅの研究開発の状況及び今後の廃止措置について」という報告書を発表した(注1)。

もともともんじゅを廃止する決定がなされた原因が保守管理の杜撰さにあって、それによって原子力規制委員会がもんじゅの開発継続を無理と判断したのであるが、この報告書でもそのことが繰り返し指摘されている。その内容の一端を紹介し、原因を考察する。

### (1)　保守管理の杜撰さ

「機器の未点検状況」という項目に、次の記載がある(注2)。

会計検査院において(中略)未点検項目数を確認したところ(中略)、①保全計画に定めた点検期限までに点検が実施されていなかった事態が(中略)二〇、一〇三項目、②保全計画に定めた点検間隔、保全方式等が適切でなかったことにより(中略)、プラントの安全確保に必要な点検が実施されていなかった事態が（中略）八、九八三項目となっていた。そして、これらの未点検項目数が点検計画に登載されている全点検項目数に占める割合は、それぞれ①二一・八％、②九・六％となっていた。

その原因について同報告書は、次のように述べている。（注3）

次のような事態が見受けられた。

①　保守管理に従事する職員の中には、点検間隔に関する考え方等、保全計画の基本的な事項について十分に理解していなかったり、（中略）従来の発注仕様書に基づいて実施すれば足りると考えている者が見受けられるなど、保全計画に基づく点検を適切に実施する必要性について認識が共有されていなかった。

②　保全計画の点検項目数が膨大であるにもかかわらず、点検時期、実績等が一元的に管理されていなかったり、点検期限の超過を予防するための特段の措置が講じられていなかったりするなど、保全計画に基づく点検を適切に実施する体制の整備が図られていなかった。

注1　「高速増殖炉もんじゅの研究開発の状況及び今後の廃止措置について」会計検査院、二〇一八年五月。http://www.jbaudit.go.jp/pr/kensa/result/30/h300511.html
注2　同報告書、二九頁
注3　同報告書、三四頁

### (2) 今後への注意

同報告書は、もんじゅの廃炉決定により上記の問題点が解消したとは言っていない。(注4)

一方、廃止措置においても、もんじゅの保守管理は引き続き実施されることとされており、特に炉心に装荷されている燃料の取り出しが終了するまでの間は、現在とほぼ同等の保守管理が必要と見込まれており、廃止措置に際しては、引き続き保守管理システムの運用体制の整備を行うなど、適切な保全計画に基づく保守管理を確実に実施する仕組みを早急に構築することが重要である。

殿軍(注5)を指揮し、無事撤退完了に持ち込むのも、研究推進業務以上のエネルギーが必要であろう。燃料取り出しのために予定されている四年間（二〇一八年〜二〇二二年）は決して短い期間ではない。改めて組織を構築しなおして当たるべきではないか。

### (3) 原因の考察

これらの保全管理に関する組織的欠落をどう理解したらよいのであろうか。通常の工業設備を運営する組織では考えられない低レベルの組織的欠陥である。

まず、管理責任者が当然行わなければならない保全作業の計画・管理が行われていなかったということが想定される。次に、専門の協力会社に実作業を依頼し、その作業に立ち会って管理する機構の専門別担当者クラス職員が、その業務に要求される知識レベルや職務遂行レベルに達していなかったと言わなければならない。

どうしてそのようなことが起こるのであろうか。ひとつは、プロパー職員であれ、派遣職員であれ、その業務に対する熱意や忠誠心が欠如していたのであろう。プロパー職員であれば、その業務の意味を見いだせないか、もともと勤労意欲が欠落しているか、完全な能力不足かのいずれかである。派遣職員であれば、短期間の腰掛意識で仕事に対する忠誠心がないのではないかと疑われる。オールジャパンで研究や運転・保守体制が組まれた場合に、民間の営利企業よりも職務規律が弛緩するのではないかと考えられる。

## 2　民間のプラント業務との比較

ここで指摘されている問題は、運転休止中の保守作業において発生したものであるが、業務内容によるというよりは、組織構成や人員の雇用契約に係る要素が大きいと思われる。類似の保守作業として、筆者が民間企業間の契約において、長年停止していた新種のプラスチック製造プラントのオーバーホール（一部改造）プロジェクトをマネージした経験に照らして、どのような側面を補強する必

注4　同報告書、六四頁
注5　「殿軍（でんぐん）」については、本章第3節4を参照

要があるのかを検討してみたい。

まず、このことが発生したのは、仕様書・手順書・組織表・工程表などの、あらかじめの計画書類が不足していたものとは考えにくい。現在も廃炉措置について、通常エンジニアリング会社が作成するレベルの計画書類は準備されているように見える。既設プラントの保守・改造もしくは解体に際して発生する問題は、以下に記す作業過程に生じる当事者たちが齟齬をどのように処理するかという、意思決定の手順にかかわる問題である。

## (2) 原契約と追加作業に係る契約

既設プラントの保守や改造工事においては、着工後に既設プラントの形状や仕様が、建設時の図面や仕様と相違していたり、契約時に予想していなかった状態が発生したりというケースが、多数現れる。したがって、民間企業同士の契約に際しては、いったん既知の書類通りであるという仮定で契約を行い、それとは違う実態が認識されたら、双方の責任者が立ち会って、新たに状況の違いを記述し、追加業務の規模と難易度に従ってその部分の変更仕様と追加金額を協議し合意する。その手続きを踏むことによって、仕様書・図面・手順書・工程表の変更を客観化し、双方の責任者が納得した上で、次のステップに進むようにする。

もし、このような手順を踏むことなく、初期契約の中に、未知の変更分も含めて請負者にすべての判断をゆだねる契約をした場合には、発注者側責任者が内容の変更を把握しない状況で施工が進められて、最終的には責任の所在があいまいになる。

たとえば、溶融ナトリウムを取り出す場合に、配管ルートに図面上では想定できなかった滞留箇所があるかもしれない。それらの難関についてどう対処するかという方策を双方熟知し、納得し、追加金額も合意した上で業務を遂行することが、安全管理上にも必要な手続きである。民間契約では、経済的な契約上の動機でこれらの手続きが必然的に強制されるが、経済的な制約条件が希薄な研究施設では、ともすると施工者側に任せきりになる可能性があると考えられる。

ちなみに、筆者が経験した例では、この種の既設プラントのオーバーホール（一部改造）のプロジェクトにおいて、現場で開放点検や回転機械のオーバーホールに着手した後に追加作業の必要が判明して、追加金額を合意した割合は二〇％近くであった。

### (3)　プラント建設契約における責任者の面接

プラントエンジニアリング業界では、海外でプラントを建設するプロジェクトを受注する際に、しばしば、そのプロジェクト組織のキーになる人材の面接が行われる。仕様書や金額の入札が終了してこの会社に注文しようというときに、予定されているプロジェクト・マネージャ、エンジニアリング・マネージャ、コンストラクション・マネージャなどの候補者を面接して、大切な業務を託するに足りるか否かをテストし、もし不足と考えれば交代を要求するのである。

非定型な業務を遂行するには個人の資質が業務の成否に大きな要素を占める。したがって、本業務においてもこの種の責任者の選定や検証は不可欠であると考える。

## 3 当事者の自己評価能力と透明性の必要

ところで、もんじゅの廃炉が決まった後に、後追いで会計検査院からこれほどの詳細な報告書が発行されたことをわれわれはどう受け止めたらよいのであろうか。このような現象が発生していることは、当事者たちが日々目の前で目撃していたわけである。その当事者たちに問題を把握して修正する自浄能力がなかったという事実は、原子力にかかわる国家的な開発組織に、当事者能力がなかったということを如実に示している。直接の当事者たちに手落ちがあったとしても、それを管理する所管官庁がある。その官庁が判断する能力がなく、無駄に予算を投入していたということについて、その管理者は責任を明らかにしてもらいたい。会計検査院の報告が詳細に実態を明らかにしていることは高く評価してよいが、しかし、何十年も遂行してきた問題山積のプロジェクトについて、すべてが決着してから落第点の評価をるる述べてもらっても、その作業に実効性はない。会計検査院の使命が進行中のプロジェクトを検査して問題があれば軌道修正を求めることにあるからには、報告書の内容いかんよりは実効性におけるタイミングが問題である。ＳＰＥＥＤＩの情報が、避難後に発表されたのと同様に、時期遅れの評価情報は役には立たない。

過去の実績を検証し、今後の業務のあり方を考えると、この公共研究機関の構成員の説明責任と透明性の不足が大きな弊害を生んできた要因のひとつと考えられる。今後、地元住民へはもとより、福井県、規制当局へも透明性が確保されて、常に業務の検証と安全性の確認がなされなければならない。

# 第2節　寄り合い組織のもたれ合い

## 1　福島原発事故サイトの汚染水処理データ

二〇一八年八月三〇日と三一日の両日、経済産業省が福島原発事故サイトのタンク内に保管している多核種除去装置（ＡＬＰＳ）処理水に関する処分方法の説明・公聴会を、富岡、郡山、東京の三カ所で行った。経産省の資料によれば、タンクにたまっている汚染水中のトリチウムは約一〇〇〇兆ベクレル。トリチウム以外の放射性物質はほとんど除去されていると説明されていた。そして、公聴会はそのトリチウムを海洋放出してよいかどうかについての意見が交わされる予定であった。

ところが、最近の測定データでは、本来ＡＬＰＳで除去されて検出されないはずのトリチウム以外の核種、ヨウ素１２９、ストロンチウム９０、ルテニウム１０６が大幅に告知濃度を超えた状態で検出されていたことが分かった。後日の発表では、基準越えの汚染水は、汚染水全体の八割超にのぼることが分かった。(注1)

注１　「東電、汚染水処理ずさん　基準値超え指摘受けるまで未公表」『朝日新聞』二〇一八年九月二九日
「処理水、八割基準超　福島第一　放射性物質の濃度」『日本経済新聞』二〇一八年九月二九日

図 6-1　ALPS 出口におけるヨウ素 129 の告知濃度（基準値）超えの分布状況

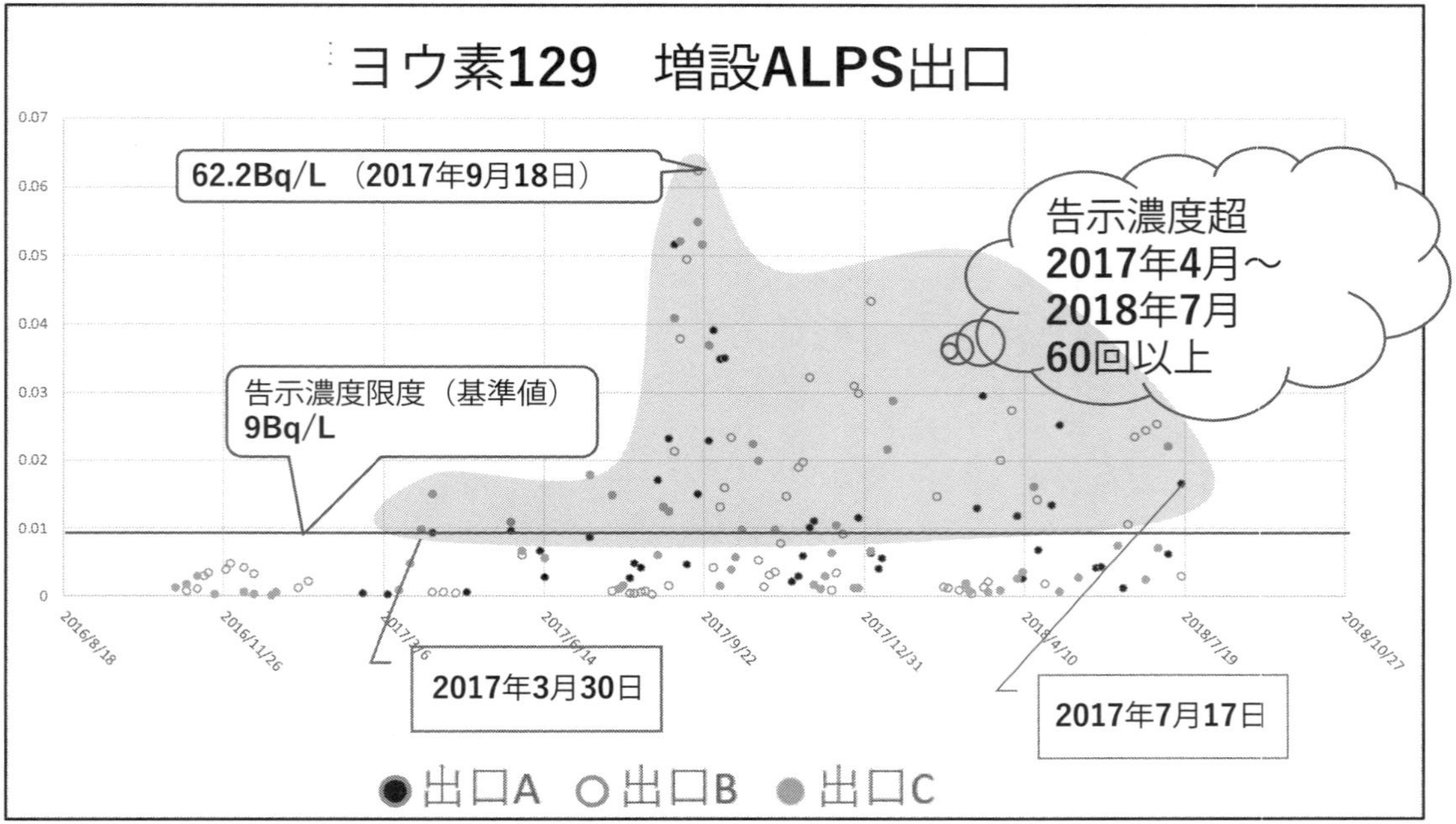


まとめ：FoE Japan

筆者がまず思ったことは、通常プラントを運転していたら、このようなことは起こるはずがないのに、この職場あるいは現場の人びとはどんな気持ちで仕事をしているのだろうか、という疑問である。

ＡＬＰＳという水処理設備は、さまざまな核種を含んだ汚染水をそれぞれの核種に適した吸着剤を設置した容器の中へ順次通過させて除去していき、最後に吸着不可能なトリチウムだけが水の中に一体となって出てくるというシステムである。同種の設備は電力会社では原発にも火力発電所にも、スチーム発生用の軟水を作るためにイオン交換樹脂を詰めた吸着装置があり、そういう装置を運転した経験者は電力部門には少なくないはずである。現在の水処理装置は、入口と各吸着装置の接続点、そして最終出口の測定計器があり、それぞれ自動記録計もあるから、運転状態はいつでも把握することができる。そして日々データを確認していれば、基準値を超える処理水が最終保管タンクへ行くことはあり得ない。いずれかの中間段階の吸着剤が飽和して機能しなくなったら、吸着剤を交換する運転手順になっているはずである。強いてこの状況を理解しようとすれば、計器のデータを監視・記録する作業員と、吸着装置の飽和状態を見極めて切り替えを指示する係が別であるといった組織になっており、業務を統合的に判断し決定する権限が分散して、一人の運転員が責任を持って働くシステムになっていないことが想像される。人は一定の決定権限を委ねられて責任を持つことによって働き甲斐を感じ、責務を完遂するものである。責任をもって働くような環境が与えられていないということしか考えられない。筆者の想像の当否は別として、だれも責任を持って運転しておらず、その業務を管理する責任者もいないという、プラント・システム運転現場とは思えない組織上の致命的欠陥が露呈している。

## 2　津波対策の意思決定

東電経営者の刑事裁判がたけなわになり、二〇一八年一〇月に旧経営陣三人（勝俣社長・会長、武黒本部長、武藤副本部長）の証人尋問が行われた。論点は、二〇〇八年に、旧総理府地震本部（注2）の津波地震の予測を取り入れて、防潮堤や水密化といった津波対策を東電および東海第二原発の担当者たちは情報共有しながら実施しようとしていたが、東電社内では武藤副本部長を中心とする経営陣が対策の先送りを指示したことに責任があるのではないかという点である。

日本原電の東海第二原発では担当者の安保氏が立案し、上司の市村取締役・開発計画室長（当時）が承認して、着々と対策を進め、結果として二〇一一年三月の大津波襲来の際に重大事故を回避できたという事実がある。他方、東電は対策先送りの結果、最悪の事故を招いてしまった。

東海第二原発で行われた対策は、同社の「東海第二発電所の震災時の状況と安全対策の強化の取り組み」（二〇一三年一〇月発行）というパンフレットに詳しく記載されている。

―非常用ディーゼル発電機の冷却に必要な海水ポンプを設置しているエリアに防護壁（標高六・一一m）を平成二二年（二〇一〇年）九月に設置し、引き続き防水工事を行っていた（一一頁）。

―原子炉の冷却に必要な設備（電気室電源盤、蓄電池など）は、標高八mにある原子炉建屋および原子炉複合建屋内に配置している。また、免震構造の緊急時対策室建屋の屋上（標高二二m）に緊急用自家発電機（五〇〇kVA）が設置済みであり、電気室電源盤までのケーブルも敷設されていた（二頁）。

―ほかに下記の対策が東北地方太平洋沖地震の発生以前から実施されていた（三頁）。

・海水ポンプの防護壁のかさ上げ
・主排気筒の補強
・原子炉の冷却に必要な重要配管の支持の補強
・非常用ガス処理系配管の支持の強化
・免震構造で放射線対策を施した緊急時対策室建屋を設置
・地下防火水槽を増設
・消火配管・海水冷却系配管を地上化

ほかにも、東電刑事訴訟における日本原電の技術者であった安保秀範証人の証言で、水密扉も設置していたことが明らかになった（注3）。

東電内の担当者たちは当然東海第二と歩調を合わせて福島第一原発の津波対策を行うつもりで社内会議にかけたが、意思決定の責任者である武藤氏が先送りを指示した。その経緯について東電経営者の刑事責任を追及する裁判の公判で両者の主張に食い違いがあるので、ここでは詳細には立ち入らな

---

注2　添田孝史『原発と大津波　警告を葬った人々』岩波新書、二〇一四年、五八頁
注3　「二〇一八年七月二七日　第二三回公判期日報告　証人安保秀範氏」福島原発刑事訴訟支援団。https://shien-dan.org/trial-report-20180727-kaido/

い。ただ、それら二つの会社の間で最終意思決定が正反対になったことの背景を筆者なりに考えると、組織が小さいときは意思決定する担当者は一人か二人で責任の所在がはっきりしているし、責任者は必死で業務を完遂するのに対して、組織が大きくなると参加者はお互いにもたれあい、責任が分散して誰が意思決定責任者かわからなくなることが挙げられる。

当時技術部門の意思決定の中心を担っていたはずの武藤氏の公判における証言が、主張内容がどうかということよりも、明白に自分が責任者として最終決定するのだという意気込みで津波のリスクに向き合ったかどうかという問題がある。大勢の会議出席者にもたれかかっていたように感じられる。とりわけ、東電は地域独占企業であり、学歴の良い人が年功序列で昇進していく官僚的な社風があるように見受けられる。そうであれば、一人の抜きんでた人材が果断な決定をするという経営形態にはなりにくい。そのことは、事故当時、武黒フェローが現場の吉田所長に、「政府があれこれ言っているから海水注入をやめろ」と連絡した態度にも表れている。武黒氏の方が当事者として大臣たちよりも専門家なのだから、もし大臣たちの意見が不合理ならば、武黒氏が大臣たちを説得して火急の炉心冷却推進を説得すべき立場にいたはずである。

## 3　責任者が従属意識に埋没する

日本では、責任者が、「自分は誰かの指示に従えばよいのだ」と思い込んでしまう例が、大組織であるほど顕著に現れてくる。典型的な例では、太平洋戦争開始時の日本の軍部の開戦に至る意思決定

である。戦後極東裁判で、開戦の意思決定の責任の所在を追及したキーナン検事の言葉を丸山眞男が引用している。(注4)

元首相、閣僚、高位の外交官、宣伝家、陸軍の将軍、元帥、海軍の提督乃内大臣等より成る現存の二五名の被告の全ての者から我々は一つの共通した答弁を聴きました。それは即ち彼らの中の誰一人としてこの戦争を惹起することを欲しなかったというのであります。これは一四カ年の期間に亘る熄《や す》む間もない一連の侵略行動たる満州侵略、続いて起こった中国戦争及び太平洋戦争の何れにも右の事情は同様なのであります。……彼らが自己の就いていた地位の権威、権力及責任を否定出来ず、又これがため全世界が震撼する程にこれら侵略戦争を継続し拡大した政策に同意したことを否定出来なくなると、彼等は他に択ぶべき途は開かれていなかったと、平然と主張致します。

丸山は、この引用のすぐ後に次の記述を残している。

この点ほど東西の戦犯者の法廷における態度の相異がクッキリと現れたことはなかった。例えばゲーリングはオーストリー併合についていった。『余は百パーセント責任をとらねばならぬ……

注4　丸山眞男『現代政治の思想と行動』新装版、未来社、二〇〇六年、一〇二頁

余は総統の反対さえも却下して万事を最後の発展段階まで導いた』

## 4　従属意識の再生産

現在の内閣は、明治の教育勅語の精神を義務教育の道徳教育の中に持ち込もうとしているそうだ。長幼の序や権力組織の上位者に無条件に従属する人材を育てることを目的にするという。つまり、一般市民は自分の頭で考えなくても良いようにしてくれるようである。

しかし、主権在民の民主主義は、市民一人ひとりが意見形成をして、政策を選択したり、政治家を選んだり、政策提言をしたりしなければそもそも成り立たない。ドイツでは総選挙はマニフェストを掲げて戦い、連立を組む時は両党のマニフェストのすり合わせに何カ月もかけていた。直近の総選挙の投票率を見ると、ドイツ連邦議会選挙七六・二％、フランス大統領選挙七四・六％、イギリス六八・七％に対して、日本は二〇一七年の衆議院選挙で五三・六八％であった(注5)。日本では国民投票や住民投票は議員たちの反対によってなかなか行われないが、諸外国ではしばしば重要な論点について直接投票による民意の聴取が行われている。原発の選択、イギリスにおけるEU離脱などである。これらには、市民側の意識の問題もあるし、選良を自負する政治家の支配欲の問題もある。

カントは、『啓蒙とは何か』に、次のように書いている(注6)。

啓蒙とは何か。それは人間が、みずから招いた未成年の状態から抜けでることだ。未成年の状態とは、他人の指示を仰がなければ自分の理性を使うことができないということである。人間が未成年の状態にあるのは、理性がないからでなく、他人の指示を仰がないと、自分の理性を使う決意も勇気ももてないからなのだ。だから人間はみずからの責任において、未成年の状態にとどまっていることになる。こうして啓蒙の標語とでもいうものがあるとすれば、それは「知る勇気を持て」だ。すなわち「自分の理性を使う勇気をもて」ということだ。

ほとんどの人間は、（中略）死ぬまで他人の指示を仰ぎたいと思っているのである。また他方ではあつかましくも他人の後見人と僭称したがる人間も跡を絶たない。その原因は人間の怠慢と臆病にある。というのも、未成年の状態のとどまっているのは、なんとも楽なことだからだ。

首相のネポティズム（縁故者贔屓）に忖度する役人が出世するという社会を変えなければ、国民の六〇％が原発に反対しているのにどうして止まらないのか、という状態は変わらないであろう。

---

注5　「投票率が低いのは日本だけ？　世界の選挙事情」『ハーバービジネスオンライン』二〇一七年一〇月二六日
https://hbol.jp/153248

注6　中山元訳、光文社古典新訳文庫、二〇〇六年、一〇頁

## 第3節　避難計画における情報と殿軍

### 1　SPEEDIの持ち腐れ

原発に過酷事故が発生したら、放射能を含むプルームがどのように原発サイトから流れていくかを予測するプログラム・ソフトがSPEEDIである。総額一一〇億円をかけて開発され、運用されてきた。[注1] 文部科学省（以下「文科省」と略記）所管の財団法人原子力安全技術センター（NUPEC）が、一九八六年以降年間八億円の費用を受けて運用してきた。

事故後、文科省による自己検証最終報告書（二〇一二年七月二七日）には、SPEEDIの結果を公表しなかったのは、「放出源情報が得られなかった場合の対応を明確に定めていなかった」からだと言っている。[注2] しかし、これは単なる怠慢を糊塗しているに過ぎない。「放出源情報」とはこのシステムと一体で運用されている緊急時対策支援システム（ERSS）から得られるもので、放射能発生源から放出される放射能量の計算値である。それを得られなかったからSPEEDIは使えなかったと言い訳しているのだが、NUPECでこのシステムの運用の経験をもつ松野元氏は「ERSSの結果が出てくるまでの間は、SPEEDIに一Bqを代入して計算することになっています。その上で風向きを見れば、避難すべき方向だけでもわかる。私なら一〇の一七乗Bqを入れます。それで住民を逃が

す範囲もわかる」といっている。(注3)

さらに、ERSS／SPEEDI以外に、原発からの情報が途絶した場合でも、その機能をバックアップする「プラント事故挙動データシステム」(PBS：Plant Behavior Data System) という予備システムを作って、各原発のオフサイトセンターにDVD-ROMに保存したものを常備していた。原子炉に過酷事故が起きたとき、どれくらいの時間で燃料が溶けて格納容器が壊れるか、そしてその結果、放射性物質がどれくらいの量放出されるかを、日本全国の原子炉ごとに予めシミュレーションしたデータベースである。PBSの開発にも一〇〇億円の税金が投入されたという。以上の事実を見てくると、的確な避難情報をタイムリーに出さなかったのは、何らかの秘匿意志が働いたからとしか考えられない。「放出源情報が得られなかった時の運用方法は予め決められていた」わけだから、計算の対応が決められていなかったという言い訳は成り立たないし、公表するかどうかの判断のことを「対応」と言っているようでは、まともな職業人のセリフとは思えない。SPEEDIとその関連システムは、まさにこの時のために営々と準備して設置してきたものだからである。

文科省は責任逃れのために、三月一五日から一六日にかけて、SPEEDIの運用を原子力安全委員会に押し付けようとしたことが報じられている。(注4)

---

注1　佐藤康雄『放射能拡散予測システムSPEEDI——なぜ活かされなかったか』東洋書店、二〇一三年、二六頁
注2　佐藤康雄、前掲書、七二頁
注3　烏賀陽弘道『福島第一原発メルトダウンまでの五〇年』明石書店、二〇一六年、二三六頁
注4　船橋洋一『カウントダウン・メルトダウン』下、文春文庫、二〇一六年、三四三〜三五六頁

それとは別に、文科省は一〇人以上の職員をモニタリングチームとして地元の町々に派遣した。一五日夜には、二人の職員が浪江町に入って空間線量率を測定し、三三〇マイクロSv／hという高い数値を得た。二人はその数値を文科省災害時対応センター（ＥＯＣ）に伝え、ＥＯＣは原子力安全委員会へ通報した。文科省は、直ちに官邸の緊急参集チームに報告し、一六日午前一時過ぎにはそのデータを報道機関へ資料配布し、また、ネット上でも公開した。しかし地区名は伏せ、浪江町にも知らせなかった。この地点をピンポイントで測定するように指示したのは文科省であり、文科省はＳＰＥＥＤＩの試算によって、その方向にプルームが流れることは予想していた。その翌日には浪江町津島、浪江町川房、飯舘村長泥などを測定し、いずれも高い線量率を確認した。しかし、それらは地元自治体には伝えられなかった。(注5)

浪江町の馬場有町長は、「もし一言、ここは危険だと言ってくれたら」と語った。もっとも高い線量率の時に測定員が来ていながら誰も地元民に伝えなかった。これがこの国の政府である。過酷事故時に住民を守る能力の有無ははっきりしている。

## 2　事故時の避難弱者の大量死

福島原発事故時の重大な問題として、双葉病院から避難命令に従って避難した患者たちの中から四四人もの死者が出た経緯が東電刑事裁判における一連の証人尋問の過程で明らかになった。

二〇一八年九月一八日と一九日に、第二六回・二七回公判が開かれ、一八日には医療関係者、自衛隊や福島県職員、警察関係者など、およそ二〇人分の詳細な供述調書が読み上げられ、高線量の中で行われた過酷な避難の過程が明らかにされた。一九日には、双葉病院に勤務していた医師とケアマネージャーの証人尋問が行われ、亡くなった患者たち四四人の死亡原因についての医師の診断書やご遺族の調書などが読み上げられた。

双葉病院は福島第一原発から四・五㎞の至近距離に位置し、事故時には寝たきり状態の高齢患者が三三八人、隣接する同系列の介護老人保健施設「ドーヴィル双葉」には九八人の入所者がいた。(注6)

避難に関連する出来事を時系列で摘記すると次のようになる。(注7)

一二日午前五時ごろ：政府、原発から半径一〇㎞圏内に避難指示。

一二日午後二時ごろ：第一陣避難　バス五台で双葉病院の入院患者二〇九人が、避難を開始する。入院患者一二九人とドーヴィル双葉の入所者九八人が取り残される。

一四日午前一〇時半：第二陣避難　自衛隊第一二旅団輸送支援隊が双葉病院鈴木院長やドーヴィル双葉施設長とケアマネージャーらと協力して、双葉病院患者三四人とドーヴィル双葉入所者九八人を乗せ、相双保健所に向けて搬送を開始した。

一四日午前一二時ごろ：自衛隊第一二旅団輸送支援隊が相双保健所に到着したが、受け入れを

注5　船橋洋一、前掲書、三二五～三二五頁
注6　海渡雄一、『東電刑事裁判で明らかになったこと』彩流社、二〇一八年、一三頁
注7　海渡雄一、前掲書、一四頁

拒否される。このあと、午後三時ごろに相双保健所を出発し、約五時間かけて、いわき光洋高校体育館に午後八時ごろに到着した。この時点で八人の死亡が確認された。

一四日午後九時五八分：双葉病院に詰めていた双葉署副署長は双葉署緊急対策室から、「一時現場を離脱せよ」との指示を受け、鈴木院長と、ドーヴィル双葉の施設長、ケアマネージャーの三人とともに、川内村まで退避した。

一四日午後一〇時一〇分：福島県警災害警備本部は双葉署副署長に、「緊急の危険性はないので、救助活動を継続せよ」と指示し、同副所長らは双葉病院付近に戻ったが、自衛隊のすべての車両がいなくなり、あたりには自衛隊の資機材が散乱しているのを見て、「ただ事ではない」と考え、再び川内村まで退避し、救助の自衛隊を待つと県警備本部へ連絡した。しかし、この情報は自衛隊には伝達されず、双葉署副署長と院長らは自衛隊と合流することができなかった。

一五日午前九時ごろ：第三陣避難　自衛隊東北方面総監部統合任務部隊が患者避難を開始した。しかし、一一時ごろには放射線量急上昇のために患者四七人を避難させた段階で継続を断念し、双葉病院を離れた。

一五日午前一一時半ごろ：第四陣避難　第一二旅団衛生隊が双葉病院に到着し、病院内に残留していた七人を救助し、一二時一五分には搬送を開始し、司令部に対して「救助は終了した」と報告した。しかし、この時点で、別棟に三五人の患者が残されていたが、先発隊と合流して情報交換することができなかったので残留者の存在に気づかなかった。第三陣と第四陣の患者たちは伊達ふれあい総合センターに搬送されたが、搬送完了時に二人の死亡が確認された。

一六日午前〇時三五分ごろ：第五陣避難　病院別棟から残留していた患者三五人の救助を開始した。この三五人は、霞ケ城公園およびあづま総合運動公園に搬送されたが、搬送完了時に五人の死亡が確認された。

大地震が襲い、停電、断水が起き、地震が収まったのちも、懐中電灯やろうそくの明かりで、病院に残された医師や看護師らは、点滴の交換やタンの吸引、トイレ介護などを不眠不休で行ったということであった。

筆者は警察や自衛隊が突発の事態に際して行った活動に敬意を惜しまないが、ここではこれらの組織のルールが、原発避難に必要な活動をカバーしていないことを問題にしたい。

警察や自衛隊は、事故の成り行きによって、患者を高濃度汚染地帯に置いたまま自分たちが避難したり、避難支援活動を見合わせたり、ある時は院長や病院スタッフに避難を命じたりしている。そのために、三月一四日夜には自衛隊が全員退去し、警察がわずかに残った三人の病院スタッフに川内村へともに退避することを命じ、多くの患者たちが誰も世話する人がいない状態で取り残されてしまった。

これは深刻な問題をはらんでいる。現在各原発地元自治体や県が定めている「緊急時避難計画」の中には「殿軍」を置くことを規定していない（「殿軍」の意味については文末を参照）。線量が高くなると、自治体職員・自衛隊・警察が真っ先に逃げる（もっともひどかったのはオフサイトセンターにいた中央政府職員が真っ先に福島県庁へ避難したことである）。しかも警察は、病院のスタッフにも一時的にせよ、川内村への避難を命令している。そうすると、平常時はケアを受けている患者たちが、非常時にはケア無しで見捨てられることになる。日本の行政機構は「殿軍」を設けない。かつて満州の関東軍がいち早く逃げたように、特別に危険な状況に立ち向かうのが任務の特別職の公務員たちも、住民たちを放置して（自分たちが持っている情報を住民たちに伝えることも拒否して）われ先に逃げる。この人々に業務として「殿軍」を命じるには、法令にきちんとした定めを記載しなければ、非常時の役目を頼めない。

現在、平時において各所の原発近傍で「防災避難訓練」が行われているが、「殿軍」を置いていない。したがって、実際に過酷事故が発生すると福島で起こったと同じことが繰り返される。法令に「殿軍」を規定しない「防災避難計画」は、官庁職員にとっても、住民にとっても協力関係が築けない。これは致命的な法令上の欠陥である。

あるいは、行政職員に殿軍を頼めないというのであれば、緊急避難を要する三〇㎞圏内に入院患者を受け入れる病院を設置しないという法律を作って、そもそも移動に介護を要する人々を三〇㎞圏内に置かない社会システムを作らなければならない。

## 3　原発運転員の退避問題

福島原発事故時には、三月一四日の夕刻から一五日にかけて、現場運転員の退避問題が発生した。2号機の冷却機能が働かず、原子炉圧力が徐々に上昇して爆発の危険が危惧されたからである。東電の清水社長は、政府閣僚に現場退避の承認を求め、菅首相が承認を拒否した。しかし、東電は独自の判断をし、翌一五日の朝に、総勢七二〇人いた中の六五〇人がバスで福島第二原発サイトへ避難した。その結果、一五日の午前七時二〇分から一一時二五分までの約三時間にわたって、プラントデータの記録すらできていない状況になっていた。事故対応が事実上放棄された状態になったのである。(注8)

この経過について、朝日新聞は二〇一四年五月二〇日付け報道において、吉田所長の「聴取結果書」を入手したとして、内容を引用し「福島第一の所員、命令違反し撤退、吉田調書で判明」などと報じた。これに対して、産経新聞や読売新聞、毎日新聞などが、吉田氏が待機の命令を出したとしても、同じ調書で「後から考えれば第二原発への退避は合理的だ」と主張し、さらに、朝日報道について「朝日新聞は運転員たちを侮辱した」と非難した。しかし、原発が深刻な危機にあるときにいったん管理放棄された状態にあったのは事実であるから誤報とはいえない。けれども誤報であるという非難がさらに政府をはじめ各方面から浴びせられて、ついには朝日新聞社の社長が交代する騒ぎになった。しかし、原発の面倒を見る「殿軍」を置くことができないのなら(そして、そういう制度上の決定は現在もなされていない)、原発事故時にだれも地元住民を守らないことになる。

## 4 殿軍のない情報弱者

殿軍《でんぐん》とは、戦国時代の戦いの際に、敗色濃厚な時、大将を死なせないためにしんがりを務めて時間稼ぎの防戦をする部隊のことである。

有名な例としては、関ヶ原で島津義弘が戦場から逃亡する際に「捨て奸《がまり》」となった家臣の一団や、織田信長軍が朝倉勢と闘うために金ケ崎城を攻めた際、背後の浅井勢が朝倉方につき袋のネズミとなることが分かって慌てて退却する際、秀吉が殿軍を務めて名を挙げた。

二〇世紀の撤退作戦において大規模な軍隊の救出に成功した例としては、ダンケルク撤退作戦がある。第二次世界大戦初期の一九四〇年五月二七日から六月四日にかけて、ドイツ軍の猛攻下の連合軍を、ダンケルク付近から英仏海峡を超えてイギリス本土に撤退させた作戦で、大小の民間船を含む八五〇隻の船舶を動員して、ドイツ軍の空陸からの猛攻撃下、八日間で三三万八〇〇〇人を乗船撤退させた。(注9)

原発に過酷事故が避けられないと認めた福島原発事故以後の今日もなお、政府や事業者は殿軍を置くことを規定していない。つまり、地元住民を置き去りにして原発運用当事者が逸早く逃げるということが起きる。それは、政府も事業者も、情報弱者であり、かつ責任のない人々を見殺しにするということを前提にしているというに等しい。戦時でさえ備える「殿軍」を規定しないことは、平時の民間産業設備に許されることであろうか。

---

注8　海渡雄一、前掲書、二一〇頁

注9　前原透、『世界大百科事典』平凡社、一九八八年、一七‐四六四頁

## 第4節　労働者被ばく線量データの分断と欠落

福島第一原発サイトで事故後の後始末のために、八年を過ぎた今もなお、毎日約四〇〇〇人の作業者が働いている。もっとも放射線量の高い現場で働いている人々の放射線被ばくが、後日、健康障害として現れることが心配される。もともとこのような作業に従事する労働者の健康管理のために、放射線管理手帳に生涯累積被ばく線量を記録することが制度として定められている。ところが、現状では累積被ばく線量の記録および集計方法が適切に行われていないことが東京電力の発表資料から窺える。詳細は外部者には分かりにくいが、筆者らが検討した結果を以下に記載する。

折しも、二〇一八年八月一六日に、国連人権理事会の特別報告者三名が、福島原発事故後の除染などに従事する数万人の労働者を保護するよう、日本政府に緊急に対応するように求めた。その声明では「除染などのために雇われた労働者には、移民労働者やホームレスが含まれていると伝えられている」「被ばくのリスクに加え、経済的な理由から危険な労働条件を受け入れざるを得ない状況や適切な訓練や防護措置が取られているかについて非常に懸念している」と述べている。また、福島の除染などに係った労働者は、放射線従事者中央登録センターによると、二〇一六年までの五年間で約七万六〇〇〇人が雇われたとし、「いくつかの大企業に雇用契約が与えられ、何百もの中小企業に下請けに出されている。こうした取り決めが労働者を集めるブローカーに使われ、労働者の権利を侵害する労働条件につながっている可能性がある」と特別報告者は憂慮を示した。(注1)この声明は除染労働者に関するものであるが、福島第一原発サイトの労働者にもそのまま当てはまるものである。

## 1 累積放射線管理の管理実態

福島第一原子力発電所での累積被ばく線量管理は放射線管理手帳（以下「放管手帳」）をもとに行われているが、その管理システムは被ばく線量を統合的に把握できない仕組みになっている。個人の累積被ばく線量データは五年経つと御破算にされてしまうのだ。作業員本人が累積被ばく線量を把握することが困難になっている。

① 放管手帳は、事業者（原子力事業者一七社、元請メーカー五社、二〇一一年一月二五日現在(注2)）が申請し、管理している。

② 業務従事者の状況（被ばく量、記録の引き渡し等）は放管手帳をもとに中央登録センターのコンピュータに記録されている。(注3)

③ 年間五〇mSv、五年間で一〇〇mSvを超えてはならないという法令があるが、名寄せができておらず、(注4)ザル法のようである。

④ 個人の被ばく線量の法定管理期間は五年だが（上記五年間規定のため?）、その後の運用が良く分からない。事業者の判断で、「放射線影響協会に引き渡すことができる」とあるだけで、「名寄せ」による生涯累積線量の一元管理はなされていない。(注4)この点については、日本学術会議も「放

射線作業者の被ばくの一元管理について」という提言で、「わが国においては個人ごとの線量を集積する体制が整っておらず、……法令上の線量限度を超えていないことを確認するシステムすらできていない。このため、線量限度を超えて被ばくをしている放射線作業者が確認されているにもかかわらず、法的に必要な措置さえとられていないのが現状である」とのべている。（注5）

⑤　また、このシステムは法的に規定されているものではなく、事業者が自主的に運用している制度である。

## 2　個人別累積被ばく量データ

福島第一原発サイトにおける事故以降の作業に関する東電資料「各月までの累積線量分布表（線量

注1　「福島作業員被ばくと搾取の危険　国連報告者が対応要求」『東京新聞』二〇一八年八月一七日。http://www.tokyo-np.co.jp/article/world/list/201808/CK2018081702000149.html

注2　「日本における線量登録の経験」久芳道義　二〇一一年一月二五日。http://www.jaif.or.jp/ja/kisei/document_kuba-sympo110125.pdf

注3　「ＲＩ放射線業務従事者被ばく線量登録管理制度について」。http://www.rea.or.jp/chutou/ri/seido-Pamphlet.pdf

注4　「放射線作業者の被ばくの一元管理について」日本学術会議二〇一〇年七月一日。http://www.scj.go.jp/ja/info/kohyo/pdf/kohyo-21-t99-1.pdf

注5　「原子力放射線業務従事者被ばく線量登録管理制度」（ＲＩ放射線業務従事者被ばく線量登録管理制度）http://www.rea.or.jp/index.htm

管理期間の線量）」は、年一回七月に公表される。

二〇一一年三月～二〇一六年三月の五年間で累計人数の集計表がいったん終わっており（累計で四万六九七四人）、その後のデータは二〇一六年四月から新たに集計が始まっている（二〇一六年度と二〇一七年度の累計で一万九三八一人）。[注6]

そのデータを表6‐1に示す。その内容をグラフ化したものが図6‐3である。

この表の「最大線量」欄（右から三番目）を見ると、二〇一八年三月までの二年間の時点で、早くも累積線量七三・九八mSvの作業者が出ている（五年間で一〇〇mSvが限度）。

図6‐3で、二〇一一年のデータが、極端に人数が少ないが、この見かけ上の大きな数値の差は、登録手続きにおける集計上の期間の違いによる。放射線被ばく量の集計は毎年三月末の年度末に行うようになっている。その結果、二〇一一年と記してある行の人数は二〇一一年三月の事故発生時からその月末までの二一日間の被ばく量の集計を表しており、二〇一二年以降の数値は、その年の三月を最終月とする一二カ月にわたる年度末集計値を示している。そして、累積被ばく量の登録の仕方も五年（二〇一一年三月から二〇一六年三月末までの五年と二〇日間）で一旦集計を区切り、次年度から改めて新しい集計数値を累計している。

被ばく量の記録を登録することの目的は、それぞれの労働者の一生にわたる健康管理の資料を確実に残すことにあるのだから、五年ごとに区切ることに意味はないし、果たして名寄せが正確になされ

---

注6　「福島第一原子力発電所作業者の被ばく線量の評価状況について」東京電力プレスリリース　（http://www.tepco.co.jp/press/release/2018/pdf2/180731j0107.pdf）

図 6-3　累積線量被ばく人数および被ばく者数

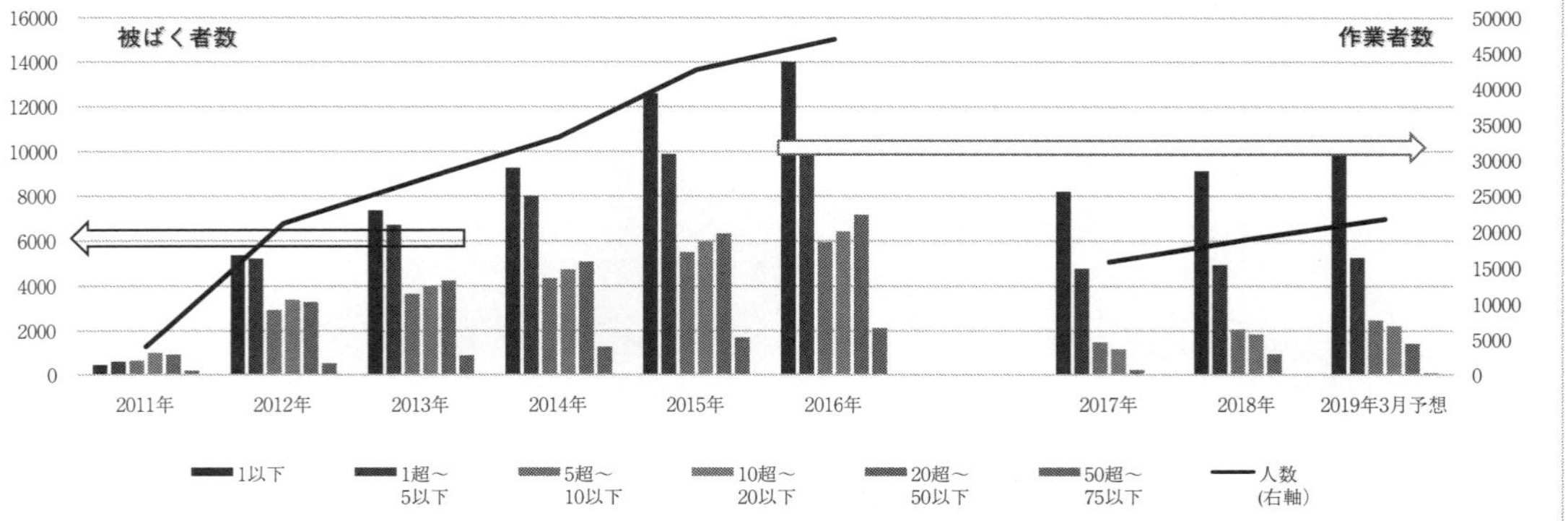


表 6-1　福島第 1 事故サイト内の被ばく人数の累計（右から 2 欄目が累計人数）

| 年(3月まで) | 1以下 | 1超～5以下 | 5超～10以下 | 10超～20以下 | 20超～50以下 | 50超～75以下 | 75超～100以下 | 100超～150以下 | 150超～200以下 | 200超～250以下 | 250超 | 最大線量 | 人数(右軸) | 平均線量 |
|---|---|---|---|---|---|---|---|---|---|---|---|---|---|---|
| 2011年 | 442 | 591 | 636 | 990 | 911 | 184 | 111 | 82 | 18 | 2 | 6 | 670.4 | 3973 | 21.59 |
| 2012年 | 5368 | 5214 | 2933 | 3387 | 3290 | 518 | 251 | 137 | 28 | 3 | 6 | 678.8 | 21135 | 12.50 |
| 2013年 | 7349 | 6703 | 3659 | 4006 | 4245 | 869 | 323 | 137 | 28 | 3 | 6 | 678.8 | 27328 | 12.55 |
| 2014年 | 9265 | 8003 | 4349 | 4730 | 5077 | 1269 | 398 | 137 | 28 | 3 | 6 | 678.8 | 33265 | 12.64 |
| 2015年 | 12592 | 9888 | 5501 | 5978 | 6324 | 1694 | 489 | 137 | 28 | 3 | 6 | 678.8 | 42640 | 12.31 |
| 2016年 | 14005 | 10526 | 5945 | 6414 | 7148 | 2129 | 633 | 137 | 28 | 3 | 6 | 678.8 | 46974 | 12.83 |
| | | | | | | | | | | | | | | |
| 2017年 | 8200 | 4775 | 1483 | 1161 | 216 | 0 | 0 | 0 | 0 | 0 | 0 | 38.83 | 15835 | 2.90 |
| 2018年 | 9124 | 4937 | 2066 | 1842 | 936 | 23 | 0 | 0 | 0 | 0 | 0 | 73.98 | 19381 | 4.62 |

まとめ：長谷川泰司氏

表 6-2　現場被ばく労働者の被ばくデータ管理に関する新聞報道

| 見出し | 新聞 | 日付 |
|---|---|---|
| 「東電 2 社員、線量限度超えか　内部被曝管理後回し」 | 日経 | 2011 年 5 月 31 日 |
| 「作業員 69 人所在不明　被曝量未調査のまま」 | 朝日 | 2011 年 6 月 21 日 |
| 「被曝 100 ミリ超　計 111 人　所在不明 132 人に増加」 | 朝日 | 2011 年 7 月 14 日 |
| 「福島第一作業員 198 人連絡とれず」 | 日経 | 2011 年 7 月 21 日 |
| 「海江田氏発言で東電に調査要請　保安院」（海江田経産相が、事故後の復旧作業の際に「線量計を置いてはいった人がたくさんいる」と発言したのを受けて） | 朝日 | 2011 年 7 月 26 日 |
| 「顔写真入りに作業員証変更」 | 朝日 | 2011 年 7 月 26 日 |
| 「原発労務管理も問題多発　多重下請け、説明なく契約　被曝線量把握も不十分」 | 日経 | 2011 年 8 月 29 日 |
| 「88 人の作業員なお所在不明　東電が報告」 | 朝日 | 2011 年 9 月 15 日 |
| 「線量計に鉛版、被曝隠し　福島原発復旧　東電下請けが指示」 | 朝日 | 2012 年 7 月 21 日 |
| 「被ばく隠し防止へ『胸元透明化』　東電、線量計見える防護服」 | 朝日 | 2012 年 8 月 1 日 |
| 「線量計つけず原発作業　下請けの一人　管理体制に不備」 | 朝日 | 2012 年 8 月 4 日 |
| 「福島原発　車に線量計の束　被曝隠し各地で横行」 | 朝日 | 2012 年 8 月 6 日 |
| 「線量計　今度は紛失」 | 朝日 | 2012 年 8 月 17 日 |
| 「東電の対策『不十分』　被曝隠し巡り保安院」 | 朝日 | 2012 年 8 月 21 日 |
| 「被ばく線量隠し　福島作業員　『仕事失うの怖い』」<br>「紛失・未装着計 28 件　昨年 6 月から」 | 東京 | 2012 年 8 月 24 日 |
| 「消された被曝　原発作業　線量は社内に待機した責任者と同じ扱い」<br>「線量計 4 割つけず　福島第一事故　17 日間、のべ 3000 人」 | 朝日 | 2012 年 9 月 4 日 |
| 「被曝管理『不適切』19 件　厚労省調査」 | 日経 | 2012 年 10 月 31 日 |
| 「高線量期間、調査手つかず　『不適切』管理、実態把握遠く」 | 朝日 | 2012 年 10 月 31 日 |
| 「東電、ずさん健康管理　甲状腺被曝　本人通知も不十分」 | 朝日 | 2012 年 12 月 1 日 |
| 「被曝隠し　偽装請負認定　厚労省 8 社に是正指導へ」 | 朝日 | 2012 年 12 月 9 日 |
| 「原発作業員の被曝記録　東電、2 万人分未提出」 | 朝日 | 2013 年 2 月 28 日 |
| 「記録以上の被曝 63 人　福島原発作業員　手帳管理ずさん」 | 朝日 | 2013 年 3 月 2 日 |
| 「内部被曝算定ミス 479 人」 | 朝日 | 2013 年 7 月 6 日 |
| 「甲状腺被曝者公表の 10 倍　福島第一作業員　100mSv 超　半数、検査受けず」 | 朝日 | 2013 年 7 月 19 日 |
| 「福島第一原発の東電作業員　目の検診、4 割受けず」 | 朝日 | 2013 年 7 月 27 日 |
| 「福島第一原発作業員の検診結果　東電など 4300 人分未提出」 | 朝日 | 2013 年 8 月 10 日 |
| 「原発作業員の被曝管理　データ登録遅れ　事業者報告誤り多く」 | 日経 | 2013 年 8 月 13 日夕 |
| 「作業員被曝　過少推計か　福島第一　政府・東電調査に国連委　健康管理の態勢不十分」 | 朝日 | 2013 年 10 月 12 日夕 |
| 「福島第一 10 時間超労働是正勧告　線量計換えさせ違法残業」 | 東京 | 2013 年 12 月 12 日 |
| 「福島第一の下請け作業員　被曝量、5 割過小評価も　国連科学委」 | 朝日 | 2014 年 4 月 3 日 |
| 「被ばく隠し根絶遠く　雇用環境の改善不可欠」<br>「線量計抜き打ち検査　被ばく隠し、東電が防止策」 | 朝日 | 2014 年 8 月 14 日 |
| 「福島作業員受診　目標の 35%　原発健康調査　連絡が難航」 | 朝日 | 2015 年 3 月 15 日 |

て個人の累積被ばく量が確実にトレースできる体制になっているかも定かではない。

## 3　初期の累積被ばく量データの欠落

加えて、被ばく量が現場で正確に測定されていないことが、事故直後から相当の期間にわたって新聞紙上で報じられていた。その一端を示す記事の見出しを拾ったものを表6‐2に掲載する。

放射線被ばくによる後遺症は、年月を経てから現れる。そして、発病後労災申請を行ってもなかなか認められず、訴訟の場で争われるものの認定が困難を極める事例が頻繁に発生している。

被ばくによる後遺症は政府が率先して法制度を整備し、積極的にデータを管理して後日の発症患者救済のために備えるべきである。累計データが五年ごとに更新されて生涯を通覧することができないという現在の集計システムは直ちに改められるべきである。

# 第七章　福島の今

## 第1節　汚染測定と廃炉作業の研究所

筆者は仲間とともに、二〇一九年三月末に、福島県へ行って、原発事故後八年の間に生じた様々な動きの現状を見学してきた。この章ではその見聞内容をかいつまんでご報告したい。

原発事故後、研究センターと名乗る施設がたくさんできたが、ここで日本原子力研究開発機構（JAEA）の福島研究開発部門を確認しておくと次の通りである。(注1)

・福島事務所　福島市
・いわき事務所　いわき市
・楢葉遠隔技術開発センター　楢葉町
・廃炉国際共同研究センター　富岡町
・福島環境創造センター　三春町
・福島環境安全センター　南相馬市
・大熊分析・研究センター　大熊町

## 1　福島県環境創造センター

はじめに三春町の〈福島県環境創造センター〉（この施設の一部が〈コミュタン福島〉という交流棟になっている）へ行った。研究所の見学には、あらかじめ申し込みをしていたので、担当の職員が迎えて下さった。初めに概要を説明する方がいて、その後二つの研究棟をそれぞれのテーマごとに研究者の方々が説明して下さった。

〈環境創造〉とは、放射能で汚された地域の環境を居住可能な環境に戻すという意味で、現在の福島県内の放射能汚染の状態のモニタリング、動植物がどう変化してきたかなどの生態環境のウォッチ、除染方法や除染土壌の処分方法についての基礎的な研究が紹介された。

その後〈コミュタン福島〉の方も案内していただいたが、この施設についての報告はすでに行っているので内容説明は割愛する。（注2）ここへは、福島県内のすべての小学校五年生が、授業の一環として見学に来ることになっているそうだ。

どうしても施設のネーミングが気になるが、「環境創造」というのは本来神の手にしかできない「天地創造」に似ている。人間ができることは、汚したところを掃除するくらいなのに（放射能の場合はそれもほんとうはできない）、と思ってしまう。

---

注1　福島県における日本原子力研究開発機構の活動拠点。https://fukushima.jaea.go.jp/access/
注2　拙著『原発は終わった』緑風出版、二〇一七年、二三六～二三三頁

## 2　廃炉国際共同センター

次いで行ったのは、富岡町の〈廃炉国際共同研究センター〉である。

この施設は富岡町の役場の近くにある。ここにはもともと文化交流センター〈学びの森〉という立派な建物があり、原発事故後その周辺に、この〈廃炉国際共同研究センター〉や大規模な病院を建てたりしている。

ここでは、「国際」を名乗って、海外との交流拠点にしているとの話であった。センター長は東大の岡本孝司教授とアメリカ人一名、イギリス人一名の三名体制で、研究スタッフも他の有名な研究所の人材に掛け持ちで（時間と報酬を分割して）勤務してもらっているという説明であった。そして原子力分野の研究論文のアーカイブの役割も担っているとのことであった。建物が新しく立派な割に、この研究所自身の具体的な研究内容が、今ひとつピンとこなかった（二〇一七年四月運用開始）。

## 3　楢葉遠隔技術開発センター

楢葉町の〈楢葉遠隔技術開発センター〉見学の約束の時間は一六時から一七時までであったが遅刻してしまった。しかし、最初に「終わりは五時でよいですね」と念を押された。おそらく金曜日の夕方なので、東京から単身赴任している人たちが、帰宅時間を待ちわびていたのであろう。

この研究所は、高さ四〇ｍの大きな建物を擁し、事故炉の格納容器の八分の一模型を作って、ロボット開発などを行っており、一連のＪＡＥＡの研究所の中では知られた老舗である。私たちが行ったときは、格納容器の模型はすでになく、代わりに格納容器底部の部分模型があり、ベント管一本とその上のドライウェルの部分とその下のサプレッションチャンバーの部分を構成していた。現在ドライウェル底部に冷却水を循環しているが、サプレッションチャンバーにも流れ、さらにそこから外へ漏れだしているので、ベント管内に水中で固まるセメントを流し込んで水封する実験をしたのだという。汚染水量を少なくするための対策を確認する実験であった。そのほか、比較的こじんまりしたドローンの研究や、水中カメラの試験水槽などがあった。ドローンの実演のために開発センターの若いスタッフが数名待機してくださっていたので恐縮した。

話を聞いていて感じるのは、大きな廃炉プロジェクトの全体像が描かれていなくて、当面できそうなことをコツコツやって、「最新技術の成果です」と言っているように見える。その場合は、出来ることを出来るスケジュールでやるという形になり、スタッフの方がたの間にそれほど緊張感があるようには見えなかった。

## 4　東電廃炉資料館

翌土曜日の朝、富岡町中央部にある〈東電廃炉資料館〉へ行った。ここは元東電の〈エネルギー館〉という展示館であったが、震災後はさまざまな使い方がされ、原発事故サイトへ入る見学者の拠点として使っていたJヴィレッジが返却された後は、ここがその拠点となっていた。二〇一七年に筆者が「原発ゼロの会」の国会議員たちとサイトに入った時は、ここが集合ポイントであった。内装外装をきれいに改めて〈廃炉資料館〉として開館したのは、二〇一八年一一月末のことであって、まだ四カ月しかたっていない。内部はまったく新しくきれいに作り変えられており、入り口近くにはゆったりした休憩室もあって、熱いお茶が供されている。

入口の受付には、若い男女の職員が各一名おられ、大勢を受け入れる体制ではあるが、土曜日にもかかわらず、一〇時過ぎに入った時には、客はわれわれ三人だけであった。わたしは受付の人に「廃炉の状況をインターネットで見ていると、水冷から空冷に切り替える意図をお持ちのように見受けられるが、果たしてそうかどうかを伺いたい」と申し入れた。困惑した表情ではあったが、「奥の方に聞いてみます」という返事であった。一通り展示を見たころに、管理職の年配の男性が現れていろいろ話ができた。

筆者「現在、デブリの発熱量は、一号機で八〇kW、二・三号機で九〇kW程度である。一週間水冷を止めても危険のない程度と考える（家庭のこたつだって一個一kWの発熱量だから、自然対流による放熱だけでも急激に温度上昇することはないはず）。水循環による冷却を続けているといつまでも汚染冷却水の増加は止まらない。汚染水の海洋放出が社会問題になっているが、それは、大型タンクによって一〇〇年以上貯蔵するという方法で解決し、これ以上汚染水が増加しない方策として早急に空冷化すべきだ。最近の東電のホームページに、冷却水を一時的に停止する実験を行うという計画が発表されているが、その意図が書いてない。空冷化を目指していると考えてよいのでしょうか?」
説明者「確かに空冷をめざしています。おっしゃる通りです。しかし、いろいろ問題がありまして……」
筆者「その問題が何かを当事者に聞く目的で、今日このように参りました」
説明者「いや、わたしは素人でして……」
筆者「いま言ったことの詳細は、原子力市民委員会のホームページに『一〇〇年以上隔離保管後の「後始末」』というレポートで公表していますので、ご参照ください(注3)」
説明者「はい、読ませていただいて、社内に報告書を上げます」

〈廃炉資料館〉というにしてはちょっと頼りない感じではあったが、丁寧な応対をしていただいた。

## 5　研究所の雰囲気

この旅行中、頭の整理がつかないほどの研究施設を見学した。そこで働いている人たちは、いずれも慇懃かつ丁寧に説明してくださったが、すべての立派な建物や研究施設が税金で建てられ、運用さ

注3　http://www.ccnejapan.com/?p=7900

れていることを思えば、どうしても不条理を感じざるを得ない。

第一に、どの研究所でも研究者の勤労意欲が高くないように見えた。もともと、これらの業務は、原発事故という負の遺産の〈敗戦処理〉業務であり、野球でいえば〈消化試合のリリーフ・ピッチャー〉をやらされているようなものである。結果として、仕事に期限がない。傍目には、のんびりと映る。

第二には、研究所の人びとを見て感じるのは、大きな統合的プロジェクト目標がないことである。現在できる範囲の単位操作技術（たとえば、ロボット開発やドローンによる測定）を、格納容器内や原子炉建屋内で応用するということに特化してマニアックな試験を繰り返しているようである。〈遠隔技術開発センター〉では管理職が案内してくださって、格納容器内の冷却などをテーマにした会話を交わしたが、「空冷化を目指しておられるのですか？」といったら、「それはわれわれが考えることではないので」という、指示待ち意識であった。こういう研究所をバラバラにたくさん作っても、現場に密着した有効な研究成果は出てこないのではないか。

第三には、その仕事の来歴を問わずに、狭い範囲の言われたことだけをやる、という限定された立場に置かれていることである。つまり、組織設計が人びとを〈アイヒマン化[注4]〉している。分断され、個々の人々が自らの仕事の意味や責任を考えて悩まなくてもよいようにしている。このことは、原発の業務のそこかしこに共通してみられる現象であり、気楽かもしれないが、積極的に仕事に貢献しようという士気が生まれてこないし、仕事全体に対する倫理的な主体意識がなくなる。そのことは仕事の質においても成果においても、良い結果を生まない。

技術者として生きてきた筆者自身の自戒も込めて、オーソドックスな教えに耳を傾けておこう。核物理学の第一線で活躍し、発電技術への応用の必然性も認め、かつ核武装に反対するゲッチンゲン宣言を主導したC・F・V・ワイツゼッカーの講話の一節である。(注5)

自分の行為の結果に注意深い態度をとる自然科学者と技術者が実際に、ぶつかっている大きな困難は、その人個人としては、これらの結果をいくらかでも変えることが、たいていの場合非常にむずかしいという点にあります。その人は、自分を専門家として使い、その道徳的決断も、またその知恵をも問題としないような経済的、社会的、政治的な秩序のうちに生活しているのです。それでもその人の責任は解除されていません。その人がこの責任を意識的に負うならば、その幾分かが彼をかこむ秩序に反射して変化を及ぼすことがありうるわけです。責任のある行為というものは無論いつでもこうしたものだと思います。たとい自分の相手がそのなすべきことを果たすかどうかわからないときでさえ、自分のなすべきことをすすんで果たさなければならないのです。

注4　アンナ・ハーレント、大久保和郎訳『エルサレムのアイヒマン』みすず書房、一九六九年

注5　C・F・ワイツゼッカー、冨山小太郎・粟田賢三訳『原子力と原子時代』岩波新書、一九五八年、一九一〜一九二頁

## 第2節　除染廃棄物処分場

### 1　〈リプルンふくしま〉と〈特定廃棄物埋立処分場〉

朝いわき市のホテルを出、富岡町の六号線沿いにあるこじんまりした特定廃棄物埋立情報館〈リプルンふくしま〉という聞きなれない施設へ行った。ここは二〇一八年八月に開館したばかりである。(注1)したがって、私たちにはまったく予備知識がなかった。入口を入ってすぐに教室のような部屋があり、そこに私たちが座るべき机・椅子と、説明用のパンフレットが準備してあった。

若い女性が「ここは、一〇万Bq／kg以下の廃棄物を埋め立て処分するところです。種類としては、〈福島県内の指定廃棄物〉〈対策地域内廃棄物等〉〈双葉郡八町村の生活ごみ〉の三種類です」という。どうやら、ごみの種類で定義しているのではなく、発生場所で定義しているらしく、論理的ではない。聞き返すと、傍らの男性が「はい、わかりにくいのです。わたしも初めは分かりませんでした」という。

「ところで、〈リプルン〉という言葉は初めて聞きますが、それはどういう意味ですか?」と聞いたら、「リプルンというのは、Reproduce、つまり、「再生させる」という英語に愛称の〈ルン〉を付けたものです」「エーッ、なんとミーハーな命名!」と絶句してしまった。福島へ来るたびに初耳の言葉で、感覚がマヒしてしまうが、この日は朝一番から、魔界へ迷い込んだ感じ。

本題に入って、〈特定廃棄物埋立処分場〉の配置図と断面図の説明があったが、「地山に敷くプラスチックシートの寿命は一〇〇年です」とこともなげに言う。「えっ、プラスチックはもっと早く劣化しますよ」と言ったら、「地面の下では変わりません」と見事な大本営発表。

こんなお二人の話を聞いても仕方がないと、早々に別れを告げて車に戻り、その裏山に設けられている〈特定廃棄物埋立処分場〉へ向かった。案内所である〈リプルンふくしま〉を出ていったん六号線を南へ向かうとすぐに西側の田圃の中を山裾の方向へまっすぐに進む一車線の農道が舗装道路に改装されていて、そこをダンプトラックが交互に走るようになっている。当然一方通行なので、途中およそ一〇〇m置きに旗を持った案内人が、三人立っている。そのうちの一人は比較的若い女性であった。向こう端に埋立処分場の案内所があり広い駐車場がある。そこへ車を置き、管理棟へ入ると、見学者をガイドする女性と管理者が迎えて下さり、ヘルメットを貸してくださる。身支度をして一行は高さ五〇mほどの坂道を歩いて登る。ダンプカーが埋立土壌を運び込む自動車道の脇に、狭い仮の歩道を設けてある。登りきると、ダンプカーの受入検査場があり、運び込んだ土壌が一〇万Bq/kg以下であるかなどを検査する測定所をくぐるようになっている。その先に、荷を下ろしたダンプカーが町中へ戻る際に、トラックのタイヤを水洗し、強い放射性粉じんが付着していないかを検査して、退場を許可している。その脇を抜けて小高い展望台に上ると埋立土壌を受け入れ始めた谷底を一望できる。

谷あいに廃棄物を層状に積み上げていき、最後に覆土するという。底部は、地山の上に不織布三層

注1 リプルンふくしま「お知らせ」環境省。http://shiteihaiki.env.go.jp/tokuteihaiki_umetate_fukushima/report/news/

と、間に遮水シートを二層重ねるとのことであった。ガイドの女性が「防水のためにベントナイトの層を敷きます」というが、説明図には「ベントナイトの層」がない。「それはこの絵でどれですか？」と聞いたら、結局分からなかった。仮にベントナイトが敷かれていても、その防水効果の信頼性は低い。福島第一の事故直後に汚染水をためるために、ベントナイトで防水層を構成した池を作ったが、それが漏水して放射能汚染水が漏れるからというので、一〇〇〇㎥のフランジ型タンクを林立させるように方向転換した経緯がある。埋立処分場の底部から流出する水は、浸出水調整槽で確認した上で放流するというが、大雨や地震で地盤に割れ目が入った時などは汚染水がすべて調整槽へ来るとは保証できないはずだ。

この処分場には、合計六五・四万㎥の廃棄物を埋設する計画である。受け入れ基準が一〇万Bq／kgであるといっても、総量としては大量の放射能が集積され、その周辺にはぽつぽつ民家がある（図7-2）。もし、放射能が可視化できれば、その山間から燦然《さんぜん》と光が差し出るはずである。帰りは同じ歩道を降りたが、その坂道を降り切ったところにある地福院というお寺の境内にある墓地を背景に、〈楢葉町一歩会〉という住民団体が「放射性廃棄物の最終処分場建設に異議を唱える」と題した大きな看板が建てられており、冒頭には、「放射能汚染により、双葉郡内には人の住めないところがたくさんあって、放射性廃棄物の最終処分場を作るところはいくらでもあるのに、人の住むところに最終処分場施設を受け入れるという。それなら言いたい『本当にそう思うならば自分の家の近くに作ればいい』と！」と書いてあった。

なお、この施設は富岡町内にあるが、坂の登り口は楢葉町に位置しており、周辺には転々と民家が

図 7-1　展望台から見た〈特定廃棄物埋立処分場〉

図 7-2　埋立処分場と周辺の民家・寺院

出典）google（一点鎖線が町界で、南側が楢葉町、北側が富岡町）

あり、すぐ東側には常磐自動車道が通っている。

## 2 〈楢葉町仮設焼却施設〉と〈富岡町仮設焼却施設〉

次いで行ったのはこれらの仮設焼却炉である。いずれも除染廃棄物の減容化施設の一環として建設されたものである。

〈楢葉仮設焼却施設〉は二〇一六年一一月から稼働しており、二〇〇t／日の規模で除染土壌などを焼却している。発生した飛灰は、無人の工場内でセメント固化しているという。周囲を一周したが、ずいぶん大掛かりな施設であった。(注2)

ついでに、以前は六号線から海側に大きく見えていた〈富岡町仮設焼却施設〉の跡地を見に行った。設備はすでに取り壊して、最後の基礎コンクリートを撤去しているところであった。ここは五〇〇t／日で、二〇一五年四月焼却開始、二〇一八年八月処理完了ということである。(注3)こんな大規模で高価な施設を作っておいて、三年で用済みというのは正常な設備計画とは考えられない。

## 3 〈中間貯蔵施設〉

次いで、除染廃棄物の〈中間貯蔵施設〉の案内所である〈中間貯蔵工事情報センター〉へ行った。双葉町と大熊町にまたがる一六㎢という敷地を確保して、公称三〇年間、除染廃棄物を貯蔵するという巨大な施設である。この用地の規模は、福島第一原発の敷地面積が約三・五㎢なので、その四・六倍という広大な面積である。

すでに、減容化のための一五〇ｔ／日という大規模な焼却炉二基の建設が決まっており、それぞれに飛灰をセメント固化する無人工場が併設される。

この敷地全体を管理するのは国が全額出資した「中間貯蔵・環境安全事業株式会社」、通称ＪＥＳＣＯ（Japan Environmental Storage & Safety Corporation）という会社で、この会社の主体は、元はＰＣＢ処理を専門とする産廃処理業者であった。この情報センターで説明する人たちもそういう仕事をしてきた年配の職員たちであって、まだ新しい仕事に着手したばかりという雰囲気であった。

この中間貯蔵施設に集積した除染廃棄物は三〇年後に他県へ搬出すると地元の人々に約束している。そして、この広大な敷地は買い取ったわけではなく、地権者から借り上げているという契約である。しかし、どうやら政府の審議会の中では、除染廃棄物を市中へ環流させて、三〇年後にはほとんど残らないようにすることを画策しているようである。具体的には、八〇〇〇Bq／kgの除染土壌は生活圏に埋めてもよいとルールを改変して、道路や堤防などの土木工事に「資材」として安く提供することを決定している。汚染土壌が一回りして再び生活圏へばらまかれる訳である。

---

注２　「楢葉町仮設焼却施設」。http://shiteihaiki.env.go.jp/initiatives_fukushima/waste_disposal/naraha/processing_naraha.html

注３　「富岡町仮設焼却施設」。http://shiteihaiki.env.go.jp/initiatives_fukushima/waste_disposal/tomioka/processing_tomioka.html

第四章第一節で述べたように、除染費用として見込まれる六兆円の内、今まで使った費用は約三兆円である。その業務内容は、被ばく地の生活空間の除染工事と、汚染土壌の減容化の二項目がほとんどを占め、しかも、減容化施設の方が町中で目立つ除染工事より若干多い。つまり、やってほしくない工事ほど多くの予算が投入されている。

中間貯蔵施設や直接埋設施設に今後三兆円の除染予算が投入されるということは、もちろん望ましくない。仮にもう一息除染すれば居住可能という限界的な汚染地域を除染して帰還するというなら、それはあり得るかもしれないが、二〇mSv／yという基準で帰還を促し、それでも一四〇〇万～二二〇〇万tという大量の除染土を積み上げるというのは、不健全であり、費用のかけ方も不合理である。

帰路は、富岡インターチェンジで常磐自動車道に乗って、南下した。この高速道路のいわき市から北の部分は一車線であるが、ちょうど今二車線に拡幅工事を行っている。早速路盤に八〇〇〇Bq／kg以下の除染土壌が活用されるのではないかと思われた。このことは環境省が意図しているという報道がこの三月にあった。(注4)

福島県内では現在様々な土木工事が行われているが、浜通りと中通りを結ぶ新しい道路工事も進行中であり、南相馬市では〈ロボットテストフィールド〉という新たな大規模研究施設が建設中である。除染事業に携わる環境省や土建工事会社らには好都合な計画が目白押しといわなければならない。

---

注4　「汚染土と復興」ＴＢＳ報道特集、二〇一九年三月九日放送。https://www.dailymotion.com/video/x73tizt

## 図 7-4　中間貯蔵施設の配置図

用地の取得状況や除染土壌等の発生状況に応じて、段階的に整備を進めます。

**<配置の基本的考え方（主な事項）>**

- 施設は、貯蔵する土壌や廃棄物の放射性セシウム濃度、施設を配置する地盤の強度・高さなどを考慮して適切に配置します。
- 谷地形や台地などの自然地形を最大限に活用して、土地改変をなるべく避けて施設を設けることにより、環境負荷の低減と工期の短縮を図ります。
- 施設全体の機能性・効率性を勘案しつつ、各施設が一体的に機能するよう 配置します。

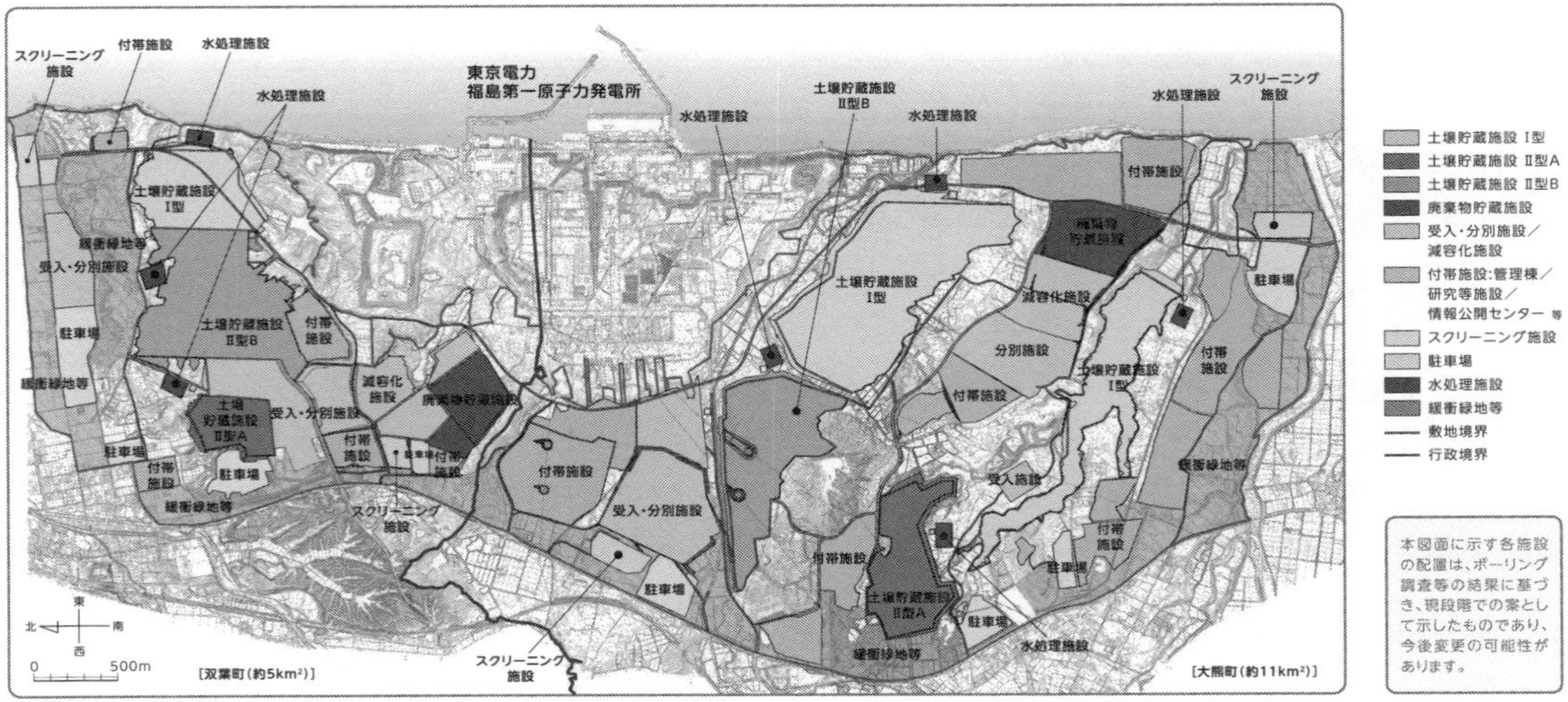


出典：環境省除染情報サイト案内所のパンフレットから

## 4　視界から消えた汚染廃棄物

今回の福島見学旅行で、六号線に沿っていわき市から浜通りを北上してまず感じたことは、一見事故の後遺症が無くなったかのような外観を呈していたことである。一年前に見た、汚染土壌を詰めたたくさんの黒いフレコンバッグが田畑から姿を消していた。富岡町の大規模な減容化仮設焼却炉が消えていた。それは、汚染土壌や廃棄物を自然の谷あいや大規模な中間貯蔵施設に搬入しているからであり、人々の視界から消されつつある。けれども、それが決して解決にはなっていないという現実がある。問題がかえって不可逆に潜行している実態を見て、より深い憂慮を禁じえなかった。

この日常世界からかけ離れた事柄をたくさん目にして、二日酔いのような気分に襲われた。もちろん、よそ者が言うまでもなく、地元の人々にとっては、こういう状態にした政府や事業者を許せない気持ちは決して消えないであろう。そして、放射線の影響が人々の寿命に何世代にもわたって続くことを思えば、「見張りの者よ、今は夜の何時か」(注5)と愁眉の開く日を求める気持ちに揺れ動くことであろう。

注5　イザヤ書、第二一章第一一節

## 第3節 浜通りの町と学校

### 1 〈ふたば未来学園〉

福島に向かう車中での雑談の一コマをご紹介する。

メンバーの一人から「テレビで『花は咲く』の歌が流れるたびにゾッとしてしまう」という発言があった。初めて同行した日本画家・戸田みどりさんは驚かれたらしい。「あら、どうして？ 良い歌じゃないですか。私、好きですけど」とヤンワリ一言。「いやいや、あの歌自体が悪いというわけじゃないんです。その使われ方に問題があるんです」。『花は咲く』は〈NHK東日本震災プロジェクト〉のテーマ曲として二〇一二年五月に企画・制作された被災地・被災者を物心両面で応援するチャリティーソングである。作詞は仙台市出身の映像作家・岩井俊二、作曲は同郷の菅野ようこである。岩井は脱原発派としても知られる気鋭の論客であり、菅野は多くのアニメーションソングを手がけてきた。いずれも若者たちに支持層を広げる業界のカリスマといっていい。歌唱には福島ゆかりの歌手・タレント・スポーツ選手が多数参加している。この歌はＮＨＫの番組やＴＶスポットを通して、広くお茶の間にも浸透している。

当然、震災に特化した〈花は咲くプロジェクト〉ではあったが「原発事故を人災ではなく自然災害の延長としてかたづけてしまおう」と邁進する政府や県・東電へのＮＨＫの忖度からか、関連番組の多くが震災と原発事故の境目が曖昧で、責任のない市民たちの応援も、責任を負うべき政府・東電などの加害者が担うべき当然の補償もいっしょくたにされている印象が強い。

作家の辺見庸は『毎日新聞』のインタビューで次のように語っている。(注1)

福島だって『花は咲く』どころじゃない。非人間的実相を歌で美化してごまかしている。被災者は耐え難い状況を耐えられると思わされている。『花は咲く』を毛嫌いするような人物は、反社会性人格障害や敵性思想傾向を疑われ　監視されてしまうようなムードがある。言語空間の息苦しさを打ち破れるかは集合的なセンチメント（感情）に流されず個人の直感、洞察力をどれだけ鍛えられるかにかかっている。まずは自分の周り、所属する組織の空気を疑え。

もとより〈花は咲くプロジェクト〉の参加者に他意はあるまい。ほとんどの者が無償参加であり、売上や印税は被災地に寄贈されているという。歌に乗せて流される映像は美しく、健気で純朴な被災地の人々の姿にも心打たれる。だが、これらはみな国策推進の一コマに組み込まれてもいる。やわらかな共感の強制、同調圧力の強まりの行方を見定めることなく〈集合的なセンチメント〉などに流されてはいけない。

来年に迫った東京オリンピックを〈復興五輪〉と名付けて、本来被害者へ補償するべき費用を支払わず、オリンピックの競技場づくりや大会運営費に湯水のように金を使い、国を挙げての原発事故の痕跡隠しが急ピッチで進行している。しかし、燃やそうが固めようが放射能を消すことなどできない。できるのは場所を移動させることだけである。黒々とそびえていたフレコンバックのピラミッドは消え、姿を変えて穿たれた巨大な穴の中に敷き詰められていくありさまは見た通りである。

そうした富岡町・楢葉町の現場に程近い広野町に、新設された「ふたば未来学園」がある。中高一貫校を目指して準備が進められてきた学園は私たちの訪れた二〇一九年春三月末には、一つの節目を迎えようとしていた。新築された校舎・寄宿舎・体育館・グランドなど施設全体の完成と中学校の開校である。

私たちはいわき市から六号線を北上し、広野町役場の交差点を左へ入った。かつて廃炉セミナーに来た広野町体育館、その裏山にあるモダンな広野中学校、夜間照明付きのサッカー場などを見て、さらに周囲を巡ると新設の〈ふたば未来学園〉新校舎の前へ出る。広壮な新築の校舎・体育館・グランドができたばかりで、この四月から供用されるという。もともと三年前に全寮制の高校が広野駅の近くに開校し、この新校舎ではさらに中学生も募集することになっている。工事関係者が数人後片付けをしているだけで、閑散としていたが、その施設の豪華さには目を見張った。その大きな教室と二つの体育館を見ると、優に一〇〇〇人を受け入れることができそうだが、当面報じられている人数は、二〇一八年度の高校在校生が四二二人、新年度の中学生募集定員が六〇人だということである。(注2)

私たちが立ち寄った三月三〇日(土)はウィークエンドということもあってか校内に人影はなく、

注1 「息苦しさ漂う社会の『空気』~辺見庸さんに聞く『花は咲く』は気持ち悪い」『毎日新聞』二〇一三年五月九日

図７‐５　敷地東側からの工事中の写真

出典）「福島県立ふたば未来学園中学校・高等学校（仮称）整備事業」福島県ホームページ
https://www.pref.fukushima.lg.jp/sec/41065c/futabamirai.html

周りの石垣や植栽をいじる作業員がまばらに働いているだけだった。それでもシルバーメタリックな灰色に覆われた豪壮な体育館をはじめ、真新しい校舎・施設群は「これは凄いね」と思わず声を洩らすほどの出来映えであり、とにかく金がかかっているという印象だった。数日後には新入生たちが期待に胸ふくらませて、このアニメ映画に出てきそうな学園の校門をくぐることだろう。

その校門の向かい側にロッジ風の「広野町児童館」があり、ファサードにモニタリングポストが立っていた。表示されている数値は〇・〇八九マイクロシーベルト、入学式を間近にして、辺りは特に入念に除染されているようである。

「変革者たれ」と題された〈ふたば未来学園〉の建学宣言がある。抜粋して紹介したい。[注3]

震災と原発事故という、人類が経験したことのないような災害を経験した私たちは、これまでの価値観、社会のありかたを根本から見直し、新しい生き方、新しい社会の建設を目指し、変革を起こしていくことが求められており、それは未来から課せられた使命ということもできる。

ふたば未来学園高等学校の「変革者たれ」という「建学の精神」のもと、「自立」「協働」「創造」を校訓として、「未来創造型教育」を力強く展開していく。地域と共に。世界と共に。

君たち一人一人が「未来」である。

平成二七年四月八日　福島県立ふたば未来学園高等学校校長　丹野純一

熱情あふれる激励口調の言葉の洪水が大人の方から浴びせられている。(注4) 一〇代の若者が学ぶべきは普遍的な一生ものの重厚な知識と生涯を導く哲学的規範である。目前の短期的現象に右往左往する大人に同調させるのは、いささか気の毒ではないだろうか。

さらに、この学校設立を盛り上げるとして、大勢の有名人が協力していることがアピールされている（あいうえお順）。

---

注2　福島県立ふたば未来学園高等学校生徒数。https://futabamiraigakuen-h.fcs.ed.jp/%E5%AD%A6%E6%A0%A1 %E7%B4%B9%E4%BB%8B/%E7%94%9F%E5%BE%92%E6%95%B0
ふたば未来学園中学校　最新情報。https://www.pref.fukushima.lg.jp/site/edu/kaikakushitsu05.html
3「建学の精神」ふたば未来学園中学校・高等学校。https://futabamiraigakuen-h.fcs.ed.jp/%E5%AD%A6%E 6%A0%A1%E7%B4%B9%E4%BB%8B/%E5%BB%BA%E5%AD%A6%E3%81%AE%E7%B2%BE%E7%A5%9E

注4　丹野純一「ふたば未来学園高校の『未来創造型教育』」『日本教育政策学会年報』第二三号、二〇一六年。https://www.jstage.jst.go.jp/article/jasep/23/0/23_60/_pdf/-char/ja

秋元 康 - 作詞家
安藤忠雄 - 建築家
伊藤穰一 - マサチューセッツ工科大学メディアラボ所長
乙武洋匡 - 作家・東京都教育委員会
小泉進次郎 - 衆議院議員
小宮山 宏 - 三菱総合研究所理事長・元東京大学総長
佐々木 宏 - クリエイティブディレクター
潮田玲子 - 元オリンピックバドミントン選手
為末 大 - 社団法人アスリートソサエティ代表理事・元陸上競技選手
西田敏行 - 俳優
橋本五郎 - 読売新聞社特別編集委員
林 修 - 東進ハイスクール講師
平田オリザ - 劇作家・演出家、東京芸術大学特任教授
宮田亮平 - 東京芸術大学学長
箭内道彦 - クリエイティブディレクター
山崎直子 - 宇宙飛行士
和合亮一 - 詩人

「ふたば未来学園」の外面のほとんどは、彼ら及び彼らの仲間たちの手になるものである。例えば制服のデザインは秋元康氏のプロデュースにより、氏が率いるＡＫＢ48の衣装デザイナー・茅野しのぶ氏が制作したものである。(注5)紺色をベースに襟から裾まで白ラインが鮮やかに走る制服は凜々しく、まるでアニメ「宇宙戦艦ヤマト」の正装のようだ。女性用スカートの明るい青のチェック柄はアニメ「新世紀エヴァンゲリオン」の綾波レイの通学服を思わせる。

〈未来〉の文字を大胆にアレンジした校章デザインは佐々木宏氏が手がけている。(注6)学校全体のイメージも含め何かアニメチックな雰囲気に包まれている印象だが、これが時代の最先端のテイストなのだろうか。豪華な教育設備が与えられ、ファッショナブルな制服に身を包み、多くのセレブたちと交流できる生徒たちは、すでにして震災・被ばく地の中でエリート扱いされている。それが果たして生徒たちの本質的な幸せに資しているかどうかを真剣に問わなければならない。

## 2　〈さくらモールとみおか〉

昼食を取るために、六号線の双葉警察署前交差点に近い〈さくらモールとみおか〉に立ち寄った。昼飯時のせいか駐車場は作業・運搬用のトラックがいっぱいで、モール内も作業員たちでごった返していた。食堂は高速道路のサービスエリアのように一方に数軒の店が並んでおり、ホールにはたくさ

注５　「ふたば未来学園中制服が完成『ＡＫＢ４８』衣装デザイナー考案」『福島民報』二〇一九年三月三〇日
注６　「校章」県立ふたば未来学園。https://futabamiraigakuenn-h.fcs.ed.jp

んのテーブルが配置されていてほぼ満席だった。

目についたのはモール入り口付近の売店で弁当を買い求める長蛇の列。除染作業・フレコンバックの運搬から廃棄物処理に仕事の流れが変わり、作業員たちが最近再び増えているそうである。

公設民営の〈さくらモールとみおか〉は二〇一七年四月一日の避難指定区域一部解除を受け、同年三月三〇日に全面開業している。原発事故で営業ができなくなった民間の商業施設を町が買い取って改修したものだ。同施設の店舗面積は約四〇〇〇㎡、再開のための総事業費は約二五億円である。二〇一六年一一月にはホームセンターと飲食店などが先行開業していた。悩みは従業員の確保で、現在もスーパーの従業員一八人中三人だけが町の出身、ドラッグストアでは六人全員が町外だという。(注7)外国人の就労規制が緩んだ現在、今後の海外労働者の流入問題も俎上に上り始めているようである。

見学した近隣の研究所や展示館の職員たちは、「さくらモールができて、とても助かりました。この辺りに以前はなにもなくて、おにぎりを買いにも車で数十分……」と話しておられたが、今も辺りに食事処は見あたらない。食事のことだけではなく、強い汚染に曝された地域での営業維持にはさまざまな面で困難があると思われる。私たちも選択の余地なく、二日続けて「さくらモールとみおか」で昼食を摂った。

二日目は土曜日の午後ということもあってか、作業員も店の客も疎らだった。変わりに元気な子どもたちの声が店内に響いていて家族連れが多かった。何人かの若い主婦が乳母車を押し、それぞれの車に向かって、のんびり歩いている。乳母車の赤ちゃんにハシャギながらまとわりつく二、三歳の女の子。どこのスーパーやコンビニの駐車場でも見られる普通の光景である。しかし、ここは安全基準値が二〇倍に緩められた、まだまだ油断のできない高線量地域だ。幼い子どもたちが自由に走り回ってよいとは思えない。視線を感じたのか一瞬主婦がこちらを振り向いた。二〇代なかばの土の匂いのしない都会的な女性である。おそらく作業関係者の家族だろう。余計なお世話だったのだろうか。モールに連なるホームセンターのベンチに腰をおろした。目の前に特価販売の大きなシールが貼られた砂礫の詰まったビニール袋（一〇kℓ入り）が山積みされている。園芸用か農業用かはわからないが一八〇円という安値がついている。その横に積まれたコンクリーブロックも驚くほど安価だ。

そういえば、町中を通って気が付いたことは、二年前は浜通りや町のあちこちに設置されていたモニタリングポストがほとんどなくなっていることである。〈さくらモールとみおか〉の周りにも一台も見あたらない。気にしてはいけないということだろうか。

## 3　閑散とした町

富岡町の駅は、六号線沿いの〈さくらモールとみおか〉付近から東方（海の方向）に数km移動したところにある。駅前風景は二年前と比べるとむしろ寂しく見えた。東口一帯は、広大な耕作地を占領していた黒いフレコンバッグの山と白い囲い壁が消失して、見晴らしがよくなった分だけ茫漠とした風景になった。

注7　「福島・富岡町　さくらモール全面開業」『日本経済新聞』二〇一七年三月三一日

西口は新たに車のアクセスをよくする真新しいロータリーができて、タクシーの待合スペースもゆったりとできている。〈福島イノベーション・コースト構想〉（国際研究産業都市）の中核と位置付けられた富岡町再建のアクセス・ポイントと位置付けられているようである。しかし、周辺の住宅地は空き地が多く、新しい住宅がぽつぽつまばらに建っているのみであった。富岡町で人を多く見かけたのは、〈さくらモールとみおか〉付近に限られていた。

富岡町の人口は、現在戸籍登録している人が一万二九一三人で、その内実際に居住している人はわずかに九・二％である。同様に浪江町では六・一％である。とりわけ帰還に熱心な飯舘村でも一八・四％、旧避難区域九市町村全体でも居住率は二三％だという。（注8）閑散としているのは当然とも言える。この事実は、大多数の被災者が避難先で苦労していることを意味している。政府の予算が居住に適していない地域に集中投下されて、見せかけの映画セットのような〈復興〉の街並みを先走って作っていることの誤りを示している。

六号線や常磐高速道で目立つものは、緑色のゼッケンをつけたダンプトラックの群れである。汚染土壌をせっせと埋立処分場や中間貯蔵施設に運んでいる。結局、被災地の新しい住宅群や居住者を増やしているのは、除染作業員と廃炉作業員が主体といえよう。

前項で、富岡町の〈特定廃棄物埋立処分場〉へ行ったことを記したが、その展望台で案内係の若い女性から説明を聞いていた時、同行の画家・戸田みどりさんが、つと離れて、急に声を上げて泣きだされた。みんな、素知らぬ顔をして説明を聞き続けたが、後日そっとその訳をお尋ねした。

「だって、あそこで若い女性たちがガイドやトラックの案内係として大勢働いていたでしょう。いかにも勤勉な人たちで、原発事故がなかったら笑顔で野良仕事やお店で生き生きと働いていたに違いありません。あんなところで、あんなにたくさんの人たちをこんなひどいところで働かせるなんてとても考えられない。働いているみんなが被ばくしてしまう。セメントや土に交じって〈原発ゴミ〉が国中にばらまかれる。……いろんなものを見て、考えて、もう気持ちに収集が付かなくなって……」と、とつとつと語られた。なるほど、これが真善美を求める純粋な芸術家の反応なのだと感じ入った。

その後、全域が避難指示区域になっていた大熊町の一部が、二〇一九年四月一〇日に解除された。〈復興五輪〉と名付けられた政策は、木に竹を継いだような形の上辺だけを飾る方向で強引に進められている。

注8　「旧避難区域の居住率二三%　福島、帰郷きっかけ失う」『日本経済新聞』二〇一九年三月七日。https://www.nikkei.com/article/DGXMZO42160230X00C19A3CR8000/

# 第4節 〈希望の牧場〉と詩画集『見捨てられた牛』

福島原発事故が起こってから、政府は住民に対して避難指示を出したが、酪農家たちに対しては「殺処分」を指示した。これに従うのは忍びないと考えて、牛たちを飼い続ける酪農家がおよそ一〇軒ばかりあった。その中で、最大規模の牧場は、吉澤正巳さんが牧場主を務める〈希望の牧場・ふくしま〉である。ここには、約三三〇頭の病牛がいて、牧牛のいのちを考えるシンボル的な存在になってきた。実際に、牧場主吉澤正巳さんに共感してサポーターになったり、本を出版されたりする人びとが少なくない。（注1）

日本画家の戸田みどりさんもそのひとりで、住まいの神奈川県相模原市から足しげく通い、放射線障害で病気になった牛の絵をたくさん画いてこられた。それらの絵は展覧会で何度も展示され、多くの人々の共感を得てきた。一三〇号の大作も数点完成されて、近年さらに内容が充実して来た。その画業を集大成して、近く詩画集『見捨てられた牛』を出版される予定である。（注2）

## 1　詩画集『見捨てられた牛』ができるまで

今回の福島見学の機会に、戸田さんに〈希望の牧場〉へ案内していただいた。

早春の晴れた朝、戸田さんと四人の仲間が、一台の乗用車に肩を寄せ合って、常磐自動車道を神奈川から福島に向かった。車中、やさしく優美な子供たちや水の動きを描いてこられた戸田さんが、なぜ突如として被ばくに苦しむ病牛とその死骸を直視し肉薄するようになられたか、という疑問を呈した。ぽつぽつと語られた心情を、記憶のままに再現して、このユニークな詩画集を手に取る方々のご参考に供したい。

――戸田さんは、初めは誰が見ても目に美しいものを描かれていたのでしたよね。

「はい、わたしは美しいものを表現したくて、初めは子供の絵などを描いていたのですよ。それから湧水をあれこれ観察して、光と織りなす水の豊かな表情を捉えようとしたのです」

――まさしく水の絵は、水滴や流紋が鮮やかに表現されていますが、水をテーマにされるようになった経緯は何なのでしょう?

「エゼキエル書（第四七章）に、『神ご自身から生ける水を流れ出させる』という啓示の情景が描かれています。水が湧き上がり、川となり、川が流れていくところどこでも命が芽生え、川の両岸の果樹が豊かに成長する。これらの言葉に感激し、水をテーマにした作品を制作し、『躍動

---

注1　針谷勉『原発一揆～警戒区域で闘い続ける〝ベコ屋〟の記録』サイゾー、二〇一二年
真並恭介『牛と土　福島、三・一一その後。』集英社文庫、二〇一八年
森絵都、吉田尚令『希望の牧場』岩崎書店、二〇一四年
注2　ギャラリーステーション、二〇一九年

する水』『Dancing Water』『Living Waters（生ける水）』などのタイトルで作品を発表してきたのです」

――ということは、戸田さんの信仰が画業の背景にあるのですね。どういうきっかけで信仰の道に入られたのでしょうか？

「結婚して数年後に、夫の転勤でニューヨーク州ロチェスター市に住んだのです。そこで最初の子供に恵まれたのですが、生まれた当初虚弱であって、近所の方がたが親身の世話をしてくださいました。そのことが機縁でわたしもその方がたと同じ信仰を持つようになったのです」

――なるほど。そこでエゼキエル書に出会うわけですね。それがどうして鬼気迫る被ばくした牛の絵に取り組まれるようになったのでしょう？

「三・一一の津波と原発事故によって、水が津波という粗暴な濁流に変身し、また原発を襲って大事故を起こし、その後も汚染水となって、いつまでも生きとし生けるものを苦しめていることを否応なしに知らされました。そしたら描くことができなくなってしまったのです。水が人や生き物たちを生かすだけではなくて、命を奪い、大きな破壊をもたらすことを目の当たりにしてしまいました。これは一度被災地へ行かなければ、と思ったのです」

――その行き先が〈希望の牧場〉であったというのは出来過ぎのような気がしますが？

「わたしの住まいの隣町に小林恵さんという写真家がいらして、以前から親しくしていたのです。この方が、福島の写真をずっと取り続けておられました（二〇一八年に『フクシマ　ノート』という写真集を冬青社から出版）。この方が吉澤正巳さんを紹介してくださいました。牧場にはボランティアの方がたが寝泊まりするプレハブの小屋があって、そこに泊めていただきました。夜はイノシシが出て危険だと言われていましたが、眠れぬままに朝五時ごろ起きだして外を歩いたら、牛さんたちが群れをなして牛小屋への道を私の方へ向かってくるのでした。踏みつぶされるかもしれないと思いましたが、人間たちがひどいことをしたのだからしょうがないとも思いました。身動きもできないまま、牛さんたちに、『ひどい目に遭わせてごめんね、ごめんね』と謝りました。そうしたら、わたしの体の幅だけをよけて、群れが通り抜けて行ってくれたのです。『牛さんたちはわたしを許してくれた』『牛さんたちの絵を描かなければ』と神様に襟首をつかまれたような気がしました。それから、放射線被ばくで皮膚がただれたり、かさぶたができたりした牛さんたちの絵を描き続けてきたのです。病気になってしまった牛さんたちの目の優しいこと！　美しいこと！　これを描きたかったのです」

図7-3　病める牛たち

作：戸田みどり

## 2　〈希望の牧場〉訪問

〈希望の牧場〉は、六号線を北上し、浪江町から山間へ向かい、さらに車一台の幅しかないわき道をそろりそろりと登って視界の開けた中腹にある。原発事故時に放射能のプルームが北西の方向へ流れて、浪江町─飯舘村─伊達市の汚染がひどかったが、ちょうどその線上にあって牛たちは放射能で汚染された牧草を食べ、多くが病気になっている。

牧場の中央は窪んだすり鉢型になっており、その広い草地に牛たちが思い思いに草を食んだり寝そべったりしている。その周りを囲む高台の上に、牛舎や、牧場主・吉沢さんの住まいや、事務所などが点在している。

勝手知ったる戸田さんは、病牛の牛舎の中へ入っていき、牛たちに挨拶しておられる。われわれもその後についていった。牛舎の中の数十頭に挨拶してから、丘の向かい側におられる吉澤さんを訪ねた。彼はちょうど大きなパワーショベルを運転しながら、大量のレタスを牛たちに与えていた。近隣の農家の方々が、商品にならない野菜を差し入れてくださると話された。その作業場の一帯は舗装されていて、彼が街頭宣伝に出かけるときの牛のオブジェの載った車もあった。その広場の端に、駅の表示板の形をした標識があり、彼の主張が記されていた。

牛の数は最盛期には三三〇頭いたと聞いていたが、次第に病に倒れて現在は二八〇頭ほどだそうだ。外で挨拶を交わしたのち、その広場の一角にしつらえられた事務所へ入って、吉澤さんの思いをお聞きした。いちいちは書ききれないが、「日本の社会は取り返しのつかない誤りを犯した。それを反省して、政策を改めなければいけない。けれども、それを改めるどころか、依然として罪の上塗りをしている」というのが、彼の論点であった。やり場のない悲しみと憤りが、被ばくで病んでいる牛たちとともに生きる道を選ばせているようである。牛たちのみならず、ここで生活し続ける吉澤さん自

図 7-4　希望の牧場　草地に憩う牛たち

身も日々被ばく量が蓄積しているはずだ。

　彼の話を聞いていて、戦争直前の時代（一九三三年）、日本の軍国主義政府が中国侵略を深めていくさ中での矢内原忠雄の「悲哀の人」という講演を想い出した。

　　若しも国民が間違いをしたならば私がその罪を負いましょう。わたしがそのために死にましょう。――之は誰にもできることです。それが悲哀の人です。（注3）

　有効な手立てがあるわけではない。この道を進むしかない……というのが吉澤さんの思いなのだろう。重いものをかかえながら一時間ほどで辞去した。

## 3　病める牛たちを養い続ける意味

詩画集を出版するにあたって核になる仕事は、病める牛を大切に飼養することの意味をきちんと説明することである。主観的にはそれは有意義なことだと確信できても、第三者の納得を得る言葉にすることが意外にむずかしい。以下に、筆者の感想を述べておきたい。

牛は屠殺して、食用に供する目的で飼っているというのがもともとの意図だが、「命あるものを必要ないのに殺すのは本意ではない。殺す必要がなくなったら生かすのが本道だ」という直感的な判断が牧場主を突き動かしている。東北の曲がり屋には、人間と家畜が同じ屋根の下に同居していた。殺す必要が無ければ一緒に生きるのが当たり前だ、という自然な感情が牛飼いたちの中にある。

明治以前の日本では、牛は役畜であって食用ではなかった。役畜は人間と労働を共有する仲間であった。「牛にひかれて善光寺参り」のように、霊的な働きをも共有する生命であった。明治に入って西欧文明が入ってくるとともに、栄養学という物質的客観化が食肉素材としての肉牛飼育を商品経済の中に定着させた。また、産業革命の原動力としての蒸気機関が導入されて、エンジンで動く耕運機が普及するにつれて、役畜という労働力の需要はなくなった。

福島原発事故によって大量の放射能が地域一帯に放出された。汚染された牧草を食べた牛たちが激しい内部被ばくのために次々と発病し命を縮めた。結果として、もはや食用肉を提供する牛ではなくなった。

しかし、牛たちが持っている生命体としての霊性が消えたわけではない。牛たちの体内を流れる赤い血が霊肉両面を備えた生命力として体内を駆け巡っている。その働きに目をつむって「屠殺」することは自然の摂理を無視することではないか。人間の都合だけでは語れない自然の摂理があるのではないか。

農水省は、被ばくした牛たちをすべて殺処分することを指示した。それは、酪農家たちに家族を殺すに似たストレスを強いた。現場にいない官庁の人びとには、牛たちの体内を流れる熱い血潮と躍動する肉体が意識にのぼらないようだ。紙の上に「タンパク質XXキログラム、ビタミンYYグラム、鉄分ZZグラムと表現されて、解体された食材としての肉塊だけが視野にあるようだ。三次元空間を躍動する生命体は透明化されて、二次元の会計帳簿のうえで「食材・総額：いくら」というデータだけが記入されているのではないか。それは、エコノミック・アニマルのデータ処理の一群に転換される。みずから感性を打ち捨てて物神崇拝に生きる人々には、生きている牛も帳簿上のデータと認識されるに過ぎない。

このような人々が牛たちを見下す視線は、そこで生活を共にする住民たちへの同情も欠落させてしまっているに違いない。未曾有の放射線被ばくにさらされて多数の子供たちが甲状腺がんに罹患し、

---

注3　『矢内原忠雄全集』岩波書店、一九六四年、第一八巻、五三二頁

若い親たちが他県に避難している現状に対して、政府は高線量地域に早く帰還せよと誘導している。その上、同様の原発事故リスクを無視して、経済効率のために既存原発の再稼働を急いでいる。

生命を全うしようと苦闘する病める牛たちも、それをサポートする牛飼いたちの奮闘も、エコノミック・アニマルたちの視野を覆うとばりを破って、覚醒にいざなう導きの星になるのではないか。

## 第5節　政策転換に向けて

現在福島で進行しつつあることは、将来に禍根を残す恐れが大きい。そして、現政府の施策は依然として原発推進の方向である。私たちの社会で、民主的手続きを踏みつつ、合理的な選択を行うにはどうしたらよいのだろうか。諸外国の例も参照しながら、その端緒を考えてみたい。

### 1　韓国の場合

韓国は、日本に劣らぬ原発大国である。全発電所の設備容量の二〇％、発電量の三〇％が原発である。最も集中している地域は古都テグ（大邱）や大都市プサン（釜山）から近い東南の海岸コリ（古里）に、一〇基の原発が立地している。三〇㎞圏内に三八〇万人が居住しており、世界でももっとも人口密集地に近い原発である。(注1)二〇一一年に福島原発事故が発生してから、当然ながら韓国でも原発を続けていてよいかどうかという問題が市民の間で重要関心事の一つとなった。折しも、二〇一六年一一月にパク・クネ（朴槿恵）大統領の密室政治に怒った民衆がろうそくを掲げてソウルの目抜き通りを

注1　『韓国　脱原発を求める人々の力』ＦｏＥ Ｊａｐａｎ、二〇一八年、二三頁

埋め尽くすという抗議行動を繰り返して、同大統領を辞任に追い込んだ（ろうそく革命）。その後大統領選挙が行われたが、候補として立ったムン・ジェイン（文在寅）氏は、原発について、建設中の新コリ5・6号機は建設中断、計画中の原発は白紙撤回、運転中の原発の設計寿命は延長せず閉鎖、脱原発の方向で基数や比率を早い時期に下げていく、という公約を掲げて、大統領選挙を制した。

問題として微妙であったのは建設中の新コリ5・6号機で、工事は三〇％の進捗率であった。ここで中断すると、今まで投入した建設費が無駄になる（「埋没コスト」と呼んでいる）。政府は建設中断の是非をめぐる問題を、国民の広い層から人々が参加する「公論化委員会」の議論に委ねることにした。手続きは、二〇一七年八月から九月にかけて、市民二万人に電話をかけて「市民参与調査」に参加する意思があるかどうかを確認し、合宿討論会への出席者四七一人を決定した。この「市民参与団」の年齢・性別・意見の構成は韓国全体の構成と同じに選ばれた。この市民参与団の人々は九月から一〇月にかけて、建設中断派と建設賛成派の双方の主張が盛り込まれた資料を事前学習し、一〇月一三日から一五日にかけて二泊三日の合宿討論会を行った。その過程においては、ネット講義、地方巡回討論、テレビ討論、未来世代討論など国民の幅広い関心を呼ぶコミュニケーションを重視する広報が行われた。

この議論の過程でそれぞれの人びとの意見が変化していく様子は興味深いものがあるが、結果は、埋没コストがもったいないという建設再開論が多数を制し、それが結論となった。

韓国の社会が、市民参与型公論形成プロセスによる「熟議民主主義」によって、国策を決定したことは注目に値する。それに引き換え、日本では、業界のインサイダーと「専門家」と称する御用学者が「審議会」という場で、無意味な公共事業や国民の過半数が反対する原発などを推進しているのが現状である。(注2)この不幸な状態を「熟議」と「透明性」を重んじる民主主義の社会に変えていかなければならない。

## 2　ドイツの場合

ドイツでは、反原発の長い歴史がある。(注3)一九八六年のチェルノブイリ原発事故で広範な放射能汚染がドイツ国内でも広がったために、原発の危険性に関する認識は一層深まった。その流れを受けて、社会民主党と緑の党の連立によるシュレーダー政権のもとで二〇〇二年に、脱原発にむけて「原子力法」が改正された。原発の新設を禁止し、既設原発の運転期間を三二年とし、二〇二二年には原発を全廃するとした。しかし、二〇〇九年にキリスト教民主同盟とキリスト教社会同盟の連立によるメルケル政権が、電力業界の要請を受け入れ、既存原発の運転期間を最長でさらに一四年間延長した。「原子力法」もそれに伴って再度改正した。

そして、二〇一一年三月の福島原発事故に遭遇した。ドイツでは連日福島原発事故の報道が詳細になされ、各地で大規模なデモが開催され、脱原発の民意が高まった。メルケル首相は直ちに三カ月に

---

注2　この項は、韓国で行政学を研究しておられる高野聡氏の講演「熟議民主主義は実現するか」(二〇一八年二月二三日、連合会館)で学んだことを紹介したものである。

注3　J・ラートカウ、海老根剛、森田直子訳『ドイツ反原発運動小史』みすず書房、二〇一二年

わたる「原子力モラトリアム」を決め、原子力安全委員会に当時一七基あったすべての原子炉の安全点検を命じた。一方、「安全エネルギー供給に関する倫理委員会」を立ち上げた。委員会は四月四日から五月二八日の短期間に議論を重ね、報告書をまとめてメルケル首相に報告した。

報告書では、「脱原発は、リスクのより少ない代替手段があるので可能」とし、脱原発をエネルギー転換と技術革新によるドイツの発展のチャンスととらえ、原子力エネルギーからの迅速な撤退を提言している。これを踏まえ、メルケル首相は六月六日「二〇二二年までに一七基あるすべての原発を廃止し、代替エネルギーに転換する」と閣議決定し、それに沿って七月に「原子力法」を改正した。物理学者でもあるメルケル首相は「自分の原子力についての考え方が楽観的過ぎたことを悟った」と告白した。(注4)

### (1) 委員会の特質

メルケル首相が立ち上げた倫理委員会の構成は次の一七名の委員からなる。

委員長：キリスト教民主同盟（CDU）元環境大臣と、ドイツ研究者連盟会長（専門は金属工学）

委員（政治家）：社会民主党（SPD）元教育大臣、社会民主党元科学技術大臣、自由民主党（FPD）ユネスコ協会会長

委員（宗教家）：プロテスタント教会監督、カトリック中央委員会委員長、フライジング教会大司教

委員（学者）：リスク社会学者、自然科学アカデミー会長、科学技術アカデミー会長、哲学者、経済学者、リスク研究者、環境政策学者
委員（産業界）：ＢＡＳＦ会長、社会民主党産業別労働組合議長

注目すべきは、この委員たちの中には原発推進にかかわってきた〈専門家〉が入っていないことである。

委員会の議論は主要な都市で公開で行われ、その内容はテレビとインターネットで伝えられた。招かれた専門家は原子力安全関連の官庁の元局長たちで、率直に原発の危険性を論じた。原発の実務を推進してきた技術者は招かれなかった。

### (2) 倫理的判断に基づく結論

この報告書の各章の記述スタイルを見ると、章ごとにかなり違っている。つまり体裁をかまわず、各章執筆者の原稿をほとんどいじらずにファイリングしたような体裁である。そして、各章はいきなり本論を率直に述べているという印象が強い。

この委員会の討論過程を見て、とくに日本の同種の委員会（たとえばエネルギー基本計画を策定した〈総

---

注4　熊谷徹「脱原子力を選択したドイツの現状と課題」（ポリタス、二〇一五年六月二二日）。この項の記述に際しては、満田夏花「もう原子力の時代ではないという世界の潮流」（イミダス、二〇一八年一月五日）を参照した。

合エネルギー調査会〉など）と違うところを以下に三点特記したい。

ア　委員会が、人間および社会の全方位にわたる活動を考察し、結論付けることができるように、政治、社会のみならず、宗教界の指導者も参加しているところが、真に「倫理委員会」の名にふさわしい。

イ　各地で公聴会を重ね、市民の意見も丁寧に聞き取る努力もしている。ここには、専門家でなければ原発の議論ができないといった考え方とは真逆の、社会の在り方を決めるのは市民であるという考え方が明瞭に表れている。

ウ　原発のリスクを考えるときに、経済的な功利性を勘案して相対的な議論をするのではなく、〈倫理〉を選択の中心に据えていることが、日本で今まで行われてきた相対論と違う点である。日本では「ドイツでは原発をやめたために電気代が高くなった」といった解説も少なからず行われた。相対的功利性ではなく、〈倫理〉にもとづく選択を行った場合は、相対条件が変わったからと言って後戻りすることはあり得ない。首相がそのような選択方法を採用する社会は、人間の生きる規範を経済のはるか上位に位置付けて政策決定する社会である。それだけ成熟した市民の合意が得られることがうらやましい。

この報告書と意思決定過程を見て、日本国内では「だからドイツの電力は高いのだ」といった批判が少なからずなされたが、倫理がそういうレベルを超越したものであることを知らない議論であった。

そして、今やドイツは再生エネルギーの先進国としても、ＥＵのリーダーとしても、経済的にもはるかに着実な歩みを続けている。

## 3　専門家に委ねてはいけないこと

### ⑴　政府の審議会

原発政策に関する政府の審議会に有識者として名を連ねている委員たちはほとんど自然科学または工学の専門家である。また、原発の安全を審査する原子力規制委員会の委員も同様である。他方、ドイツ政府が設けた原子力政策を審議する倫理委員会には、原発に直接かかわった専門家がいなかったことは、前項に述べた通りである。

日本で初代原子力規制委員会の委員長を務めた田中俊一氏は「わたしは、規制基準に適合しているかどうかを審査しますが、これで安全とは申しません」と言い、同時に、安倍首相は「世界一厳しい規制基準に合格した日本の原発は、絶対安全です」と言っていた。田中委員長が、再稼働の可否を決定する立場ではなく、誰かほかの人物または役所が再稼働の意思決定をするのなら、「科学者の領分に限定して、わたしは判断しています」という態度は納得いくが、原子力規制委員会は実質的に再稼働の行政処分を下す執行機関である。その立場にいて「わたしは安全とは申しません」というのは、無責任極まりないといわざるを得ない。

また、安倍首相は、行政府の長の立場にいて、安全だと主張するのであれば、その根拠を示さなければならない。もっとも深くその安全判断の責任を負っている原子力規制員会委員長が「わたしは安全とは申しません」というのであれば、安倍首相は委員長を無責任のゆえに更迭するか、自分の責任で「原発の安全を私が保証する」と断言しなければならない。しかし、彼がそう言ったからといって誰も信用しないであろう。つまり、現下の日本社会には、原発の再稼働について、社会が受容するに十分な安全性を保証できるかどうかを判断する機能が決定的に欠落しているのだ。

田中委員長が責任を負わないと言っているのを知りながら、意思決定機関を欠落させたまま、原子力規制委員会委員長が安全の責任を負うと言っているかのように糊塗する発言をしているのは詐欺行為である。要するに、日本社会には責任を負う機関も責任者も存在しない。

### (2) 科学者・技術者にできること

科学者・技術者にできることは、事故確率と疾病確率を予測することだけである。それが、住民に許容範囲であるかどうかは、かれらの業務範囲外である。事故確率や疾病確率も、実績データを積み上げて帰納的に予測することしかできない。また、事故経験が少なかった時代の予測（たとえば「ラスムッセン報告」など）は極めて楽観的であって、今日の実績から比べれば使い物にならない。

事故原因として考えられる要因は、設備に対して破壊力として働く地震・津波・火山・台風などの外力、人為ミスや武力攻撃のような人間による破壊行為、設備の機構的脆弱性や材料の欠陥から来るリスクなどがあり、それらを総合して、事故確率がどのくらいかという予測をすることになる。いわば、ロシアン・ルーレットの的中確率予測のようなことを行うのが、科学者・技術者にできることである。また、気象学者と医学者はそれぞれ放射能放出拡散を予測し、それに基づいて発病者・死亡者数の予測を行う。

それらの予測値を聞いて、原発の再稼働や新設を許可すべきか否かを判断する一次的な意思決定者は、リスクを負担する市民である。しかし、専門的な要素があって直接市民が判断できない場合には、ドイツの倫理委員会が構成されたと同様の、原発に直接の利害関係を持たない、社会的な特質を判断する能力を備えた委員会が、市民の付託を受けて、検討し、答申を行うのがもっとも適している。

日本の場合、その意思決定に関わる審議を、原発ロビイスト（利害関係者）たちが行っていて、市民に犠牲を押し付けて自分たちが得することをごり押しするという構図になっている。

### (3)　利害の非対称性

原発事故被害の非対称性は、他の工業システムの場合に比べて、著しく不公平である。たとえば、自動車の場合、人々は加害者にも被害者にもなり得る。その互換性のゆえに、保険制度が広く社会に行き渡っており、多くの人がそのルールに同意している。原発の場合は、その企業活動から利益を得るものと、事故から被害を受ける者たちとの間に互換性がない。しかも、「国策民営」という産業構造のゆえに、被害者に補償する原資を出資しているのが公権力をもつ政府であるという、著しい非対称性をもっている。はなはだしい例は、二〇mSv／yの被ばくが見込まれる地域を居住可能と断定して帰還を促し、避難者の生活上の補償を打ち切っていることである。また、食品の汚染基準値を事故前と事故後では大幅に緩和している。つまり、政府の施策が産業の利益に沿う方向に働いており、結果として市民の犠牲負担を大きくしている。

### (4) 民主主義の機能不全

日本では社会システムとして、市民たちが自己の運命を決定するという意識が低い。結果として、ロビイストたちの食い物になることを肯《がえ》んじている。これは民主主義ではない。

市民が自己決定権を主張しない社会は、全体主義に身を委ねることになる。

今必要なことは、人間の生、社会を成立させるコミュニティを総合的に考える哲学・倫理の専門家を政策決定の中心に据えた委員会を作り、それを中心に議論がなされることである。

それを支える社会基盤は、社会の成員個人個人が倫理意識を高め、社会に向かっては正当に権利を主張する態度を示すことである。

## 4 政策転換を逡巡する日本

安倍政権は原発輸出を経済成長の柱と位置付け、安倍首相自ら各国を歴訪して原発輸出のトップセールスに余念がなかった。イギリスのウィルヴァ原発の実質中止によって最後のプロジェクトの期待も潰えたが、ドイツが倫理上の理由によって明確に原発を否定したこと、オーストリアやイタリアが国民投票によって原発を取りやめたことなどを背景とした〈国民の意思〉を尊重する国々が持っている世界に対する影響力を読みそこなった結果である。経済力や軍事力ばかりに気を取られているが、最後に権威をもって発言力を発揮するのは〈倫理〉を背景にした国民の良識である。

原発事故から八年間、先読みができなくて、滅びゆく原発技術を追い求めていた日本は、さらに新分野への転換が遅れている。(注5)

現在の経済界は、自力で市場開拓を進めて新しい分野を切り開くという自助努力を行うよりは、政権に減税やバラマキを求めて、原発や武器輸出などの官需に依存しようという方向に傾いている。それが一層日本の構造改革を遅らせ、時代遅れの産業にしがみつく結果になっている。経済界自身が自発的な開拓意欲を示して、むしろ政権とは距離をとるような自発性が必要である。

その上で、政府は国民の良識と福祉を第一に考慮して、社会総体の健全性をめざさなければならない。

注5　『朝日新聞』二〇一九年一月三〇日、「敗北日本　生き残れるか」小林喜光経済同友会代表幹事のインタビュー記事。金子勝『平成経済　衰退の本質』岩波新書、二〇一九年。

# 初出一覧

第一章　筋道の通らない政策の寄せ集め

第2節　虚構の上に立つ原発［初出］「福島第一原発の後始末の争点」第4回原発と人権全国研究・市民交流集会ｉｎふくしま（二〇一八年七月三〇日）第1分科会第2部‐1

第二章　原発再稼働政策の論理破綻

第4節　福島事故の未解明問題［初出］「福島原発事故究明と再稼働」柏崎刈羽原発の閉鎖を訴える科学者・技術者の会ＮｅｗｓｌｅｔｔｅｒNo.13（二〇一八年九月一八日）所収

第三章　原発の正体

第3節　戦争も原発もいいとこどり［初出］「原発の『テロ』・武力攻撃対策の現状」『原発の安全基準はどうあるべきか』原子力市民委員会特別レポート5所収

第四章　事故サイト内外の後始末

第1節　減容化施設による汚染物質のまき散らし［初出］「除染予算の半分以上を費やす『減容化施設』の暴走」『原子力市民委員会報告書』（二〇一九年五月）所収

# あとがき

福島原発事故から、すでに八年が過ぎた。前著『原発は終わった』を執筆時点から約一年半が過ぎたが、その間に、政府・産業界による原発推進政策の挫折が客観化され、焦点は福島第一原発サイト内外の膨大な事故被害の後始末に移りつつある。内外いずれにおいても、初期のマスタープランが客観性を欠く、矮小化された見通しであったために、計画の練り直しを要する論点が時間とともに浮き彫りになりつつある。そして、施策の不完全に起因するしわ寄せは地元の被害者たちの上にさらに加重される結果となっている。

巨大な問題と社会的不条理に直面して、立ち尽くす局面が多いが、一介のプラントエンジニアとして、友人たちと重ねてきた議論の一端をまとめさせていただいた。プラント技術者の会、原子力市民委員会、NPO・APAST、その他多数の先達、友人のご教示をいただいたことを記して感謝を表したい。また、第七章第3節・第4節の記述は、現地へ同行していただいた戸田みどりさんと佐藤和宏さんのご協力をいただいたことを特記しておきたい。

出版にあたっては、今回も緑風出版の高須次郎社長およびスタッフのみなさんの一方ならぬご指導をいただいた。改めて感謝を申し上げる。

二〇一九年六月

[著者略歴]

筒井哲郎（つつい　てつろう）

1941年5月14日　石川県金沢市に生まれる。

1964年　東京大学工学部機械工学科卒業。

以来、千代田化工建設株式会社ほかエンジニアリング会社勤務。国内外の石油プラント、化学プラント、製鉄プラントなどの設計・建設に携わった。

現在は、プラント技術者の会会員、原子力市民委員会委員、NPO APAST 理事。

著書に『戦時下イラクの日本人技術者』三省堂、1985年。『原発は終わった』緑風出版、2017年。『今こそ原発の廃止を』カトリック中央協議会、2016年（共著）。『沿線住民は眠れない―京王線高架計画を地下化に』緑風出版、2018年（共著）

訳書に『LNGの恐怖』亜紀書房、1981年（共訳）

# 原発《げんぱつ》フェイドアウト

2019年8月6日　初版第1刷発行　　定価2500円＋税

著　者　筒井哲郎 ©
発行者　高須次郎
発行所　緑風出版
〒113-0033　東京都文京区本郷2-17-5　ツイン壱岐坂
［電話］03-3812-9420　［FAX］03-3812-7262［郵便振替］00100-9-30776
［E-mail］info@ryokufu.com［URL］http://www.ryokufu.com/

装　幀　佐藤和宏・斎藤あかね
制　作　R 企 画　　印　刷　中央精版印刷・巣鴨美術印刷
製　本　中央精版印刷　　用　紙　中央精版印刷　　E1000

　ISBN978-4-8461-1913-3　C0036